电力工程全过程技术监督管理实务

（变电一次分册）

主　编　斯建东　钱　肖
副主编　吕朝晖　卢纯义　陈文通

中国水利水电出版社
www.waterpub.com.cn
· 北京 ·

内 容 提 要

本书针对各类变电一次设备，结合实际案例充分解析原有设备及工艺存在的问题，并提出对应整改措施，包括变压器、断路器、组合电器及开关柜、四小器、其他变电设备全过程技术监督要点及典型案例。

本书可供变电一次及相关专业技术人员学习使用。

图书在版编目（CIP）数据

电力工程全过程技术监督管理实务. 变电一次分册 / 斯建东，钱肖主编. -- 北京 : 中国水利水电出版社，2023.12
ISBN 978-7-5226-2077-0

Ⅰ. ①电… Ⅱ. ①斯… ②钱… Ⅲ. ①电力工程－技术监督②变电所－一次系统－技术监督 Ⅳ. ①TM7 ②TM645.1

中国国家版本馆CIP数据核字(2024)第015887号

书　　名	**电力工程全过程技术监督管理实务（变电一次分册）** DIANLI GONGCHENG QUANGUOCHENG JISHU JIANDU GUANLI SHIWU（BIANDIAN YICI FENCE）
作　　者	主　编　斯建东　钱　肖 副主编　吕朝晖　卢纯义　陈文通
出版发行	中国水利水电出版社 （北京市海淀区玉渊潭南路 1 号 D 座　100038） 网址：www. waterpub. com. cn E - mail：sales@mwr. gov. cn 电话：（010）68545888（营销中心）
经　　售	北京科水图书销售有限公司 电话：（010）68545874、63202643 全国各地新华书店和相关出版物销售网点
排　　版	中国水利水电出版社微机排版中心
印　　刷	清淞永业（天津）印刷有限公司
规　　格	184mm×260mm　16 开本　9.5 印张　197 千字
版　　次	2023 年 12 月第 1 版　2023 年 12 月第 1 次印刷
印　　数	0001—1000 册
定　　价	**78.00** 元

本书编委会

主　　编　斯建东　钱　肖

副 主 编　吕朝晖　卢纯义　陈文通

编写人员　李策策　刘乃杰　潘　科　吴杰清　骆宗义

高　翔　刘　畅　胡建平　钟　伟　方玉群

倪红华　刘建生　徐军岳　王　鹏　弓静强

金　莹　朱维新　吕赢想　王　彬　陈建斌

吕大青　卢昊威　程　烨　胡浩林　盛　骏

方　凯　杜　羿　陈占杰　楼　坚　陈　亢

张健聪　何正旭　徐阳建　王翊之　吴胥阳

马　骁　林　峰　洪　欢　仇京伦　陈　全

王文斌　蒋宇翔　郑　聪

Foreword
前言

近年来，随国家经济飞速发展，人民生活水平日益提高，在已完成建党百年实现全面小康的目标的基础上，我国正朝着下一个百年目标大步迈进。电力作为关键性基础设施，需提前布局，先行谋划，坚持适度超前原则，宁让电等发展，不让发展等电，做好电力先行官是电网人责无旁贷的使命任务。“人民电业为人民”的企业宗旨，体现了坚持一切从人民群众的需求出发，努力为人民群众办实事、解难题的社会担当。为适应国家的发展、社会的进步，电网建设必须紧跟时代潮流，服务质量必须追求精益求精。

在电力负荷节节攀升、连创新高的背景下，新建变电站数量每年快速增长，电网日益壮大。然而，从一些已运行多年的变电站设备状态来看，不少设备存在影响稳定运行的隐患，一些暴露出来的缺陷需要通过停电检修进行处理，这是与人民日益增长的美好生活需要相违背的。这些隐患和缺陷涵盖产品设计不合理、选材质量不合格、安装工艺不规范等方面。由于批次采购的原因，一些存在家族性缺陷的设备影响面更广，为把牢产品进网关，杜绝设备带“病”入网，本书对前期累计发现的问题进行整理归纳，通过对设备开展入网全过程监督，有利于做好进网设备的事前预控。

本书针对各类变电一次设备，结合实际案例充分解析原有设备及工艺存在的问题，并提出对应整改措施，促进运维人员以科学的分析、丰富的运行经验为设备质量预控提供支撑，提高设备运行的可靠性；对运行中暴露出的产品缺陷、历次验收发现的典型问题进行汇总和分析，同时对现行各项专业管理规定进行提炼、整合、优化，在设计、安装、验收以及首检预试各个环节进行明确要求。本书从理论到实际全方位贴近工作需求，具有内容翔实、理论解析到位、实用性高、针对性强等特点，其将以往的“事后追究、落实责任”往设备投运前延伸的理念，有利于进行事前预控，减少设备事故，保障电网安全稳定。

本书在编写过程中得到许多领导和同事的支持和帮助，同时也参考了许多有价值的专业书籍，给作者提供了诸多指导，使内容有了较大改进，在此表示衷心感谢。

由于作者水平所限，书中难免有不妥或疏漏之处，敬请专家和读者批评指正。

编者

2023 年 10 月

Contents 目录

第1章

变压器全过程技术监督

变压器全过程技术监督主要集中在设计阶段、基建阶段和运检阶段。设计阶段主要考虑变压器需要满足的设计要求、部件的选型要求和辅助设备的配置要求；基建阶段主要考虑安装工艺的管控、防雨措施的执行和绝缘化整治情况；运检阶段包括了设备的验收、巡检和反措执行情况。

1.1 设计阶段

1.1.1 新设计变压器应满足相应的短路承受能力要求

240MVA 及以下容量变压器应选用通过短路承受能力试验验证的产品；240MVA 以上容量变压器应优先选用通过短路承受能力试验验证的相似产品。生产厂家应提供同类产品短路承受能力试验报告或短路承受能力计算报告。

【条款解析】

长期以来，由于变压器的设计、材料和制造等方面问题，导致部分变压器的抗短路能力不足，而且随着电力系统短路容量的逐年增大，变压器因抗短路能力不足而导致内部损坏被迫退出运行的问题更加突出。图1-1为发生严重变形的变压器绕组。对旧抗短路能力不足的变压器进行技术改造的同时，应首先保证新变压器的抗短路能力合格。

图1-1 发生严重变形的变压器绕组

240MVA 及以下容量变压器应选用通过短路承受能力试验验证的产品。短路试验应满足下列基本要求：①每个绕组应进行三次短路试验，试验间隔时间 5min；②对三绕组变压器的中间绕组，应在两侧绕组同时受电时最大短路电流下进行；③有分接绕组时，三相应分别在最大、额定和最小分接位置时进行。短路试验后应满足下列要求：①不应发生气体继电器、压力释放阀动作；②短路试验后的电抗测量应在 5min 内进行，其试验前后的每相电抗值偏差应不大于 1%；③100%规定试验电压下的绝缘试验应合格；④在规定的试验程序和电压下局部放电量不大于 100pC；⑤温升试验应合格；⑥变压器无渗漏油现象；⑦套管无裂缝或渗漏；⑧变压器内部无放电痕迹，无移位变形现象；⑨试验前后的空载损耗不应大于 4%的增量；⑩绝缘油色谱分析应无异常变化，不允许出现乙炔。

对于 240MVA 以上容量变压器，由于目前国内已具备试验能力，因此要求 240MVA 以上容量变压器应优先选用通过突发短路试验验证的相似产品。

对于不具备试验能力的变压器，要求生产厂家应提供同类产品突发短路试验报告或抗短路能力计算报告，计算报告应有相关理论和类似变压器试验的技术支持。《220kV～750kV 油浸式电力变压器使用技术条件》（DL/T 272—2022）要求生产厂家进行等同设计验证。

1.1.2 应进行变压器抗震能力计算

在变压器设计阶段，应取得所订购变压器的短路承受能力计算报告，并开展短路承受能力复核工作，220kV 及以上电压等级的变压器还应取得抗震计算报告。

1.1.3 按需配置多组分油中溶解气体在线监测装置

220kV 及以上电压等级油浸式变压器和位置特别重要或存在绝缘缺陷的 110（66）kV 油浸式变压器，应配置多组分油中溶解气体在线监测装置。

【条款解析】

在线监测取样频率远高于离线取样频率，油中溶解气体多组分数据便于准确分析判断缺陷的性质及发展趋势，若发现监测数据达到报警值时，应与离线数据进行比对。

1.1.4 油灭弧有载分接开关应选用油流速动继电器

油灭弧有载分接开关应选用油流速动继电器，不应采用具有气体报警（轻瓦斯）功能的气体继电器；真空灭弧有载分接开关应选用具有油流速动、气体报警（轻瓦斯）功能的气体继电器。新安装的真空灭弧有载分接开关宜选用具有集气盒的气体继电器。

【条款解析】

油灭弧有载分接开关在切换过程中产生瓦斯气体属正常现象，若采用气体继电器，则会经常轻瓦斯报警，所以该类型有载分接开关不需要轻瓦斯报警功能，仅具备油流速动重瓦斯跳闸即可。

真空灭弧有载分接开关正常切换过程中无油熄弧现象，因此无瓦斯气体，一旦出现气体说明真空泡已损坏，动作切换时产生电弧，采用气体继电器轻瓦斯报警可以反映这类缺陷。

1.1.5 220kV 及以上变压器本体应采用双浮球并带挡板结构的气体继电器

【条款解析】

双浮球（也称“双浮子”）气体继电器是一种新型气体继电器，根据运行经验变电站变压器发生严重漏油，运检人员若不能及时到达现场（尤其是无人值班变电站），采用双浮球继电器的变压器能及时跳闸将变压器退出运行，防止变压器发生烧损事故。对于新投运变压器的本体应采用双浮球并带挡板结构的气体继电器。

【案例说明】

2014 年 7 月 6 日，某 220kV 无人值班变电站 2 号主变 3 号冷却器下部波纹管运行中开裂，造成变压器油的快速泄漏，如图 1－2 所示。储油柜及连接气体继电器的导油管中的绝缘油排空后，双浮子气体继电器上、下浮球先后动作，轻瓦斯报警 5min 后重瓦斯保护启动开关跳闸，防止了因失油造成的变压器内部故障。

图 1－2　波纹管损坏及漏油位置

1.1.6 户外布置变压器做好防雨设施的设计

户外布置变压器的气体继电器、油流速动继电器、温度计、油位表应加装防雨罩，并加强与其相连的二次电缆结合部的防雨措施，二次电缆应采取防止雨水顺电缆倒灌的措施（如反水弯）。

【条款解析】

(1) 装防雨罩能有效预防气体继电器、油流速动继电器进水或受潮造成变压器误动作。

(2) 温度计作为变压器运行温度监测的重要元件，也提出了强制的防雨要求，受潮会造成无法远方监测油温或造成变电站直流电源部分接地。

(3) 油位表进水、受潮时，会造成远方监测变压器实际油位不准或造成变电站直流电源部分接地等问题。

(4) 大型变压器用的压力释放阀本身具有一定的防雨效果，不再强行要求加装防雨罩，各地可根据实际情况考虑加装。

(5) 为防止变压器本体保护装置发生二次电缆倒灌进水，提出了二次电缆布置形式上的要求，其中增加反水弯是一种有效防止雨水从二次电缆倒灌的方法。

1.1.7 110 (66) kV 及以上电压等级变压器套管接线端子（抱箍线夹）应采用 T2 纯铜材质热挤压成型，禁止采用黄铜材质或铸造成型的抱箍线夹

【条款解析】

黄铜材质抱箍线夹在系统内发生断裂故障较多。目前，国内变压器套管抱箍线夹多采用 ZHPb59－1 黄铜材质铸造而成，ZHPb59－1 黄铜中 Cu 含量为 58%～63%、Zn 含量约为 40%、Pb 含量为 0.5%～2.5%，其性能与其铸造工艺（如配料、搅拌、退火等）密切相关，且有一定的应力腐蚀倾向，容易产生断裂问题。

【案例说明】

2018 年 3 月，某 220kV 变电站 2 号主变低压侧 10kV B 相抱箍线夹开裂，如图 1－3 所示，经分析，黄铜材质和铸造成型是造成该抱箍线夹断裂的主要原因。

图 1－3 黄铜铸造成型抱箍线夹断裂

1.1.8 新采购油纸电容套管在最低环境温度下不应出现负压

【条款解析】

新采购油纸电容套管在最低环境温度下不应出现负压。生产厂家应明确套管最大取油量，避免因取油样而造成负压。

套管首端在最低温下若存在负压，一旦密封不良，外部气体和水分进入套管，引发套管事故。

1.1.9 6～10kV 电压等级穿墙套管应选用不低于 20kV 电压等级的产品

【条款解析】

6～10kV 套管外绝缘爬距和干弧距离均较小，而且穿墙套管为水平安装，上表面易积灰造成对地放电，因此选用不低于 20kV 电压等级的穿墙套管。

1.1.10 采用排油注氮保护装置的变压器，应配置具有联动功能的双浮球结构的气体继电器

【条款解析】

双浮球气体继电器是一种新型气体继电器，保护功能有 3 个：轻瓦斯动作（报警信号）；重瓦斯动作（正常运行中投跳闸）；低油面动作（与重瓦斯共用触点，正常运行中投跳闸）。双浮球气体继电器的采用，使得集气和失油时均能动作。

1.1.11 排油注氮保护装置满足相关设计要求

排油注氮保护装置应满足以下要求：

(1) 排油注氮启动（触发）功率应大于 220V×5A（DC）。

(2) 排油及注氮阀动作线圈功率应大于 220V×6A（DC）。

(3) 注氮阀与排油阀间应设有机械连锁阀门。

(4) 动作逻辑关系应为本体重瓦斯保护、主变断路器跳闸、油箱超压开关（火灾探测器）同时动作时才能启动排油充氮保护。

1.1.12 装有排油注氮装置的变压器本体储油柜与气体继电器间应增设断流阀

装有排油注氮装置的变压器本体储油柜与气体继电器间应增设断流阀，以防因储油柜中的油下泄而致使火灾扩大。

【条款解析】

一旦变压器发生爆炸火灾事故，位于油箱顶部储油柜内的变压器油会在自然油压的作用下，从箱体开裂处向外喷出，助长火势的蔓延，直至储油柜中的油全部泄放完，储油柜里的油将大大增加变压器消防灭火的难度和扑灭火灾的时间。因而，变压器发生爆炸火灾事故时，断流阀可及时切断储油柜中的变压器油流向箱体，对防止变压器火灾事故的扩大和蔓延是非常有效的。但未安装排油注氮装置的变压器，不安装断流阀。

1.1.13 不应采用某厂 BRDLW 型号的将军帽螺纹连接结构套管

【条款解析】

某厂 BRDLW 型号的将军帽螺纹结构套管安装工艺要求不明确，部分套管存在接触不良、接触压力不足的情况，造成变压器运行后套管将军帽与导电杆之间的螺纹连

接接头严重发热。

1.1.14 不应采用外油卧式（波纹）储油柜

【条款解析】

外油卧式（波纹）储油柜波纹管底部滑轮橡胶轮因老化导致破损、脱落、卡涩，波纹管无法正常收缩与膨胀，造成波纹管薄弱处持续发生变形直至金属疲劳破裂，出现漏油现象。同时波纹管卡涩后突然动作同样存在剧烈油流波动导致重瓦斯动作的风险。

1.1.15 不应采用绕包式全绝缘管母

【条款解析】

变压器低压侧绕包式全绝缘管母生产工艺控制要求高，产品质量可靠性低，易发生进水受潮、绝缘劣化等问题引起绝缘性能严重下降，绝缘对地击穿或异物搭接击穿，导致变压器短路跳闸。按照《国网设备部关于印发 110（66）～330 千伏变电站主变低压侧全绝缘管型母线管理规定（试行）的通知》（设备变电〔2021〕62 号）要求，新建、新改造工程变压器低压侧母线应优先采用导电排、半绝缘管母等结构，户外站不应采用全绝缘管母，户内站确需使用全绝缘管母的，应选用浇筑式或挤包式，并预留足够的绝缘支撑空间，禁止选用绕包式全绝缘管母。

1.1.16 新建变电站的站用变、接地变不应布置在开关柜内或紧靠开关柜布置，避免其故障时影响开关柜运行

【条款解析】

柜内站用变、接地变故障多发，若其布置在开关柜内或临近开关柜处，易造成大量开关柜设备烧损，受损设备难以在短期内得到恢复。建议将其单独布置，且远离开关柜。

【案例说明】

站用变、接地变布置不合理。某 35kV 变电站 35kV 箱变发出烟感告警信息，进线 330 断路器过流Ⅰ段跳闸。现场发现 35kV 箱体仍有明火，紧急进行灭火处理。事故后对现场设备受损情况进行检查，发现本次故障是由于 35kV 箱体内干式站变着火，造成邻近 5 面 35kV 进线及隔离柜烧毁，其余开关柜均不同程度受损。

1.2 基建阶段

1.2.1 变压器用密封件厚度自然状态下（未压缩前）应比用于放置密封件的凹槽深度高，且满足不同截面形状压缩量的要求后仍能满足密封要求

【案例说明】

××变♯1 主变停电检修过程中发现多处渗油（图 1-4），检查发现密封部位用

于放置密封件的凹槽深度与密封圈厚度不匹配，原密封件厚度较薄，导致密封效果不佳。现场测量，密封部位凹槽深度为6mm左右，密封件厚度为5mm，实际无密封作用。更换厚度为10mm的新密封件后缺陷消除（图1-5）。

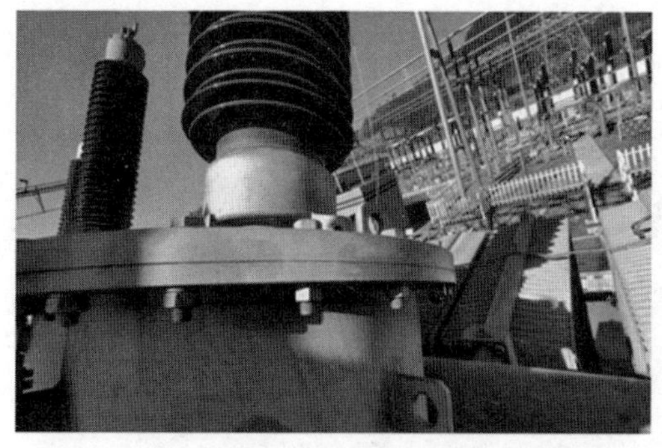

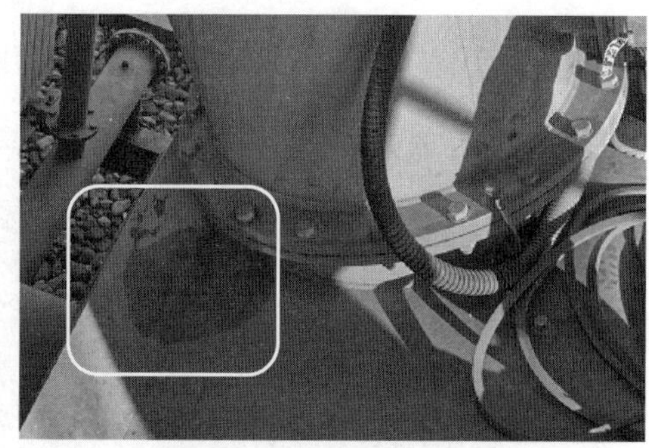

图1-4　渗油部位

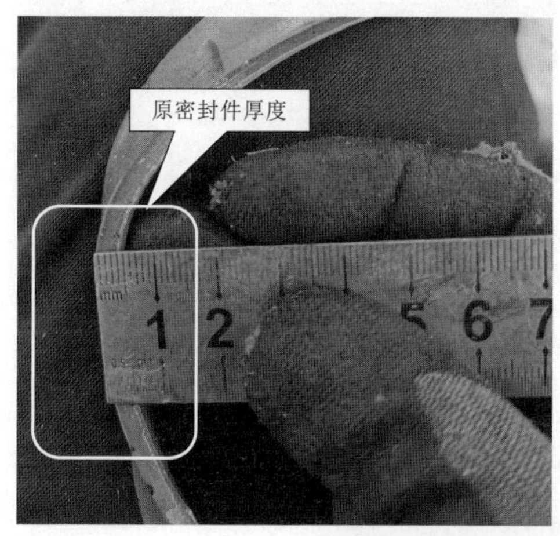

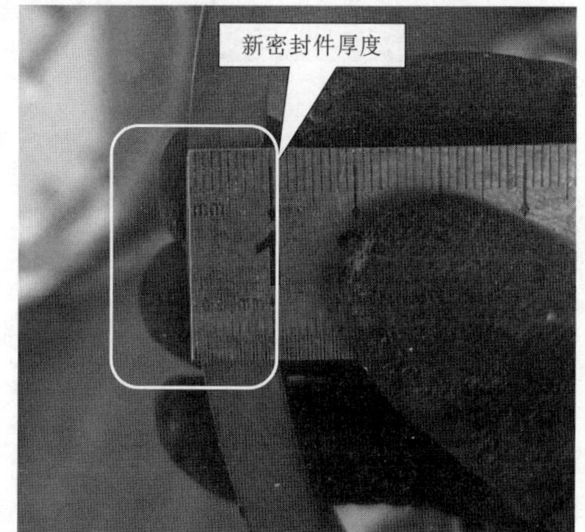

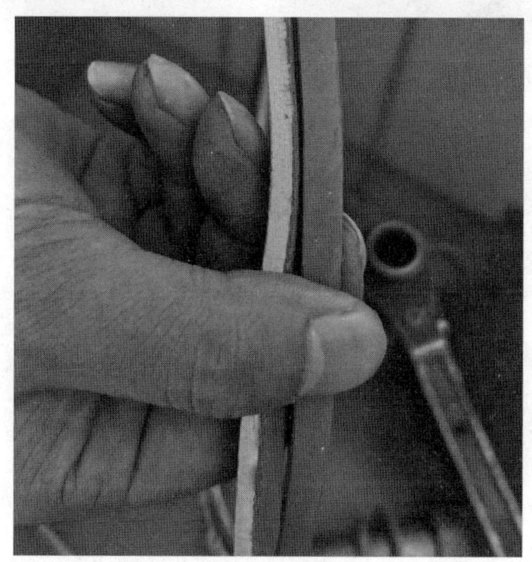

图1-5　密封圈对比

1.2.2 密封件安装过程确保密封件可靠填充在密封凹槽内，两者之间无异物

【案例说明】

在对××变＃2 主变进行首检时发现，220kV 中性点套管电流互感器二次接线盒及端子箱下部存在大量油迹，如图 1-6 和图 1-7 所示。

图 1-6 220kV 中性点套管电流互感器下部存在大片油迹

图 1-7 本体端子箱下方存在大片油迹

主变型号为 SSZ10-180000/220；制造日期为 2019 年 10 月。

检查发现 BCT 端子板外观正常无开裂，但其紧固螺栓存在跑位现象。卸下端子板一圈紧固螺栓后，取下 BCT 端子板，发现电缆铭牌被卡在密封圈与密封槽中间，导致密封不严，如图 1-8 所示。更换 BCT 端子板密封圈重新安装并紧固后未再见渗油情况。

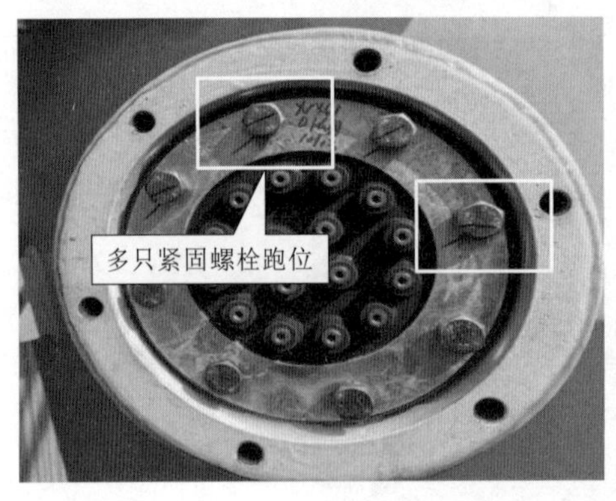

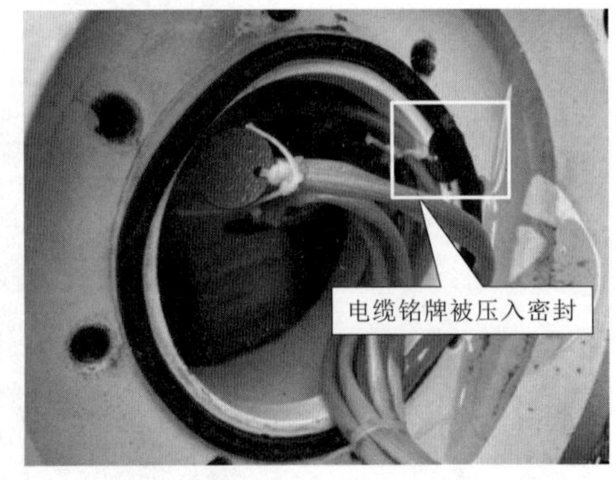

图 1-8 安装不良

检查端子箱下部出现油迹的情况，发现端子箱顶部并无油迹，判断油来自端子箱内部，打开端子箱仔细检查后发现由 BCT 面板接线引出至端子排的接头下方存在油滴（图 1-9），判定此处油迹来自高压侧中性点套管，中性点套管处密封圈更换后，用酒精擦拭冲洗端子箱处油迹，观察一段时间后，未再见渗油情况。

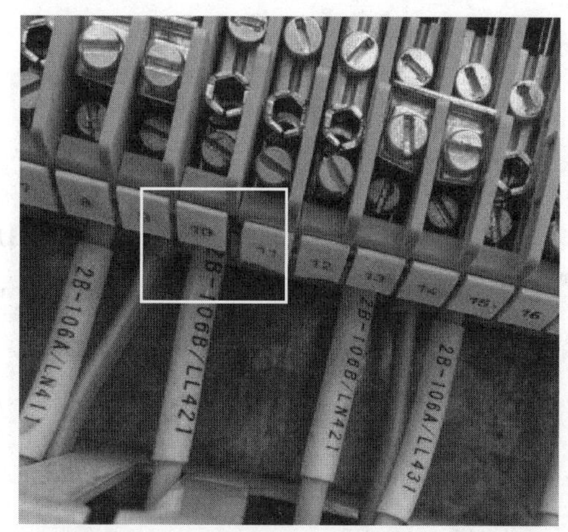

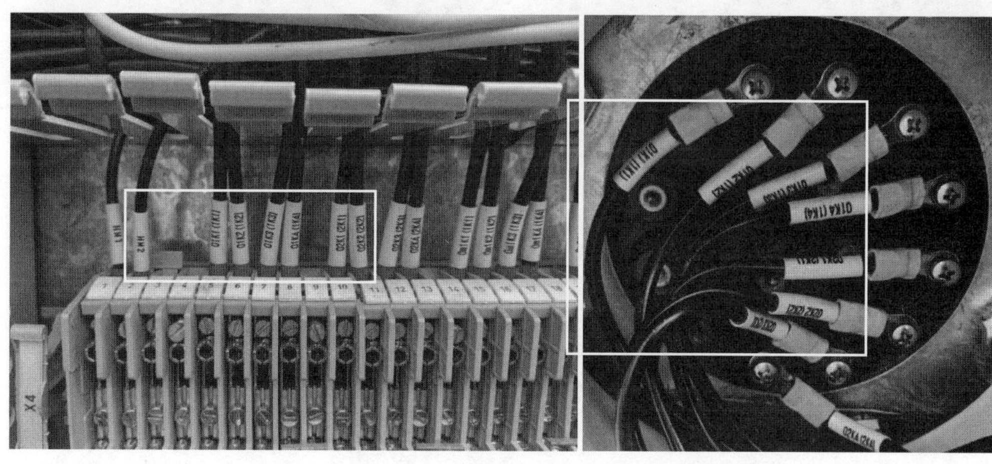

图 1-9　BCT 面板接线引出至端子排的位置出现油滴

1.2.3　某厂生产的有载分接开关产品的绝缘筒与本体法兰之间的密封圈安装时不需使用胶水

某厂生产的有载分接开关产品的绝缘筒与本体法兰之间的密封圈安装时不需使用胶水，因胶水固化后，在胶水的边界位置容易形成空隙，反而导致密封圈密封不严，造成有载开关内渗。

【案例说明】

检修人员用水平吊板将绝缘筒放下，与法兰脱开，检查密封圈状况。发现密封圈上表面外观完好，但下表面与凹槽粘连，取下后发现槽内有大量胶水固化物，因此判断由于胶水使用过多导致密封圈密封不良，引起该位置内渗，如图1-10～图1-12所示。

图1-10　有载开关内渗

图1-11　槽内有大量胶水固化物

1.2.4　主变绝缘化整治

220kV及以下新建变电站，主变的6～35kV中（低）压侧引线、户外母线（不含架空软导线形式）及接线端子应绝缘化；变电站出口2km内的10kV线路应采用绝缘导线。

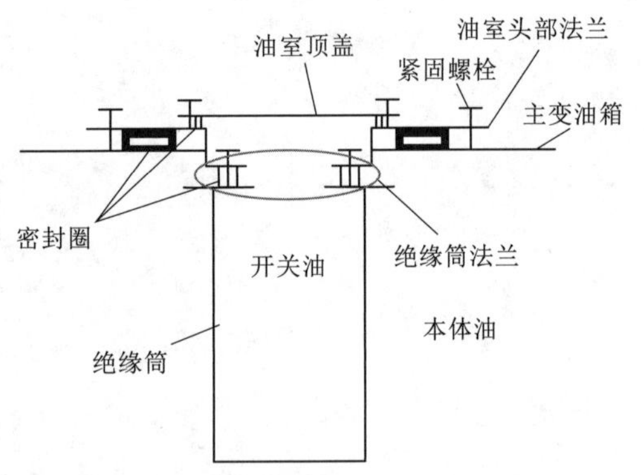

图1-12　结构示意图

【条款解析】

变压器中低压侧的出口短路故障对变压器绕组的冲击很大，为了有效保护变压器，220kV及以下变压器中低压侧电压等级为6～35kV的引线、户外母线（不含架空软导线形式）及接线端子应绝缘化。由于户外架空软导线母线设计间距较大，户外架空软导线母线因异物引发相间短路的可能性比其他形式的母线小，所以无须绝缘化；接线端子是易发小动物短路的地方，所以应绝缘化。

采用绝缘导线2km是比较粗略的要求，建议根据系统阻抗、变压器阻抗、线路阻抗对变电站出口线路需要绝缘化的距离进行计算。一般认为将变压器短路电流限制在其能承受短路电流的70%以下，对变压器运行就没有影响。

1.2.5　充气运输的变压器应密切监视气体压力

充气运输的变压器应密切监视气体压力，压力低于0.01MPa时要补干燥气体，现场充气保存时间不应超过3个月，否则应注油保存，并装上储油柜。

【条款解析】

在气体压力表与油箱联通管阀门打开的情况下测量变压器箱体内的气体压力，当气压低于0.01MPa时，潮气、水分进入变压器内部的概率将增大，对变压器的绝缘可能造成不利影响，因此应按生产厂家要求或运行经验及时补气，并重视变压器运行及放置过程中的密封问题。

1.2.6 变压器新油应由生产厂家提供新油无腐蚀性硫、结构簇、糠醛及油中颗粒度报告

【条款解析】

绝缘油是变压器的重要组成部分，其质量直接影响变压器性能。这几年，国内外发现有的变压器油含硫较高，在变压器中生成硫化亚铜，对变压器绝缘构成危害。

1.2.7 波纹安装时两端口同心偏差不应大于10mm

冷却器与本体、气体继电器与储油柜之间连接的波纹管，两端口同心偏差不应大于10mm。

波纹管两端口偏差会产生切向应力作用于波纹管褶皱上，易造成波纹管破损，导致漏油事故发生。

1.2.8 110/220kV变压器35kV侧绕组星型接线的中性点应加装避雷器

加装避雷器可以有效避免雷电过电压和操作过电压造成中性点绝缘损坏，提高设备运行的可靠性。

1.2.9 10/35kV纯瓷型穿墙套管做好防水措施

10/35kV纯瓷型穿墙套管进水造成变压器低压侧短路。穿墙套管安装底板应进行密封性检查及防水处理，且具备隔磁措施防止发热；纯瓷型穿墙套管户外部分应向下倾斜2°～5°。

1.2.10 变压器油色谱在线监测装置油管路敷设应采用全明敷设方式

油色谱在线监测装置油管路隐蔽敷设导致渗漏油缺陷难以及时发现。新投运的变压器油色谱在线监测装置油管路敷设应采用全明敷设方式，油循环管路应全部可见，除必要的保护管外不应被鹅卵石、路面等其他遮蔽物覆盖。

1.2.11 非电量装置应加装防雨罩

110kV及220kV户外主变、户外油浸式电抗器非电量装置应加装防雨罩（应采

用耐腐蚀材料、结构和尺寸能够防45°雨水直淋，覆盖二次接线盒、二次节点）。

【案例说明】

2018年9月13日，220kV××变#2主变停电检修，检修人员对#2主变进行检查时，发现110kV套管C相升高座电流互感器接线盒处存在渗油现象。检修人员打开电流互感器接线盒盖板后，发现电流互感器接线板存在严重的开裂情况，变压器油从裂缝中渗出（图1-13）。

检修人员随后打开#2主变其他套管升高座电流互感器接线盒盖板进行检查，发现多数电流互感器接线板存在开裂情况，但严重程度不如110kV套管C相。随着开裂情况加剧，会大大加速变压器的泄漏，变压器油位急剧下降，对变压器稳定运行构成严重威胁。

检修人员在拆开#2主变110kV套管C相升高座电流互感器接线板时，发现电流互感器接线板与升高座的安装法兰面有两个圆形凸起（图1-14）。这两个圆点状凸起会导致电流互感器接线板安装时受力不均，使电流互感器接线板受损。

图1-13　××变#2主变110kV套管C相升高座电流互感器接线板开裂

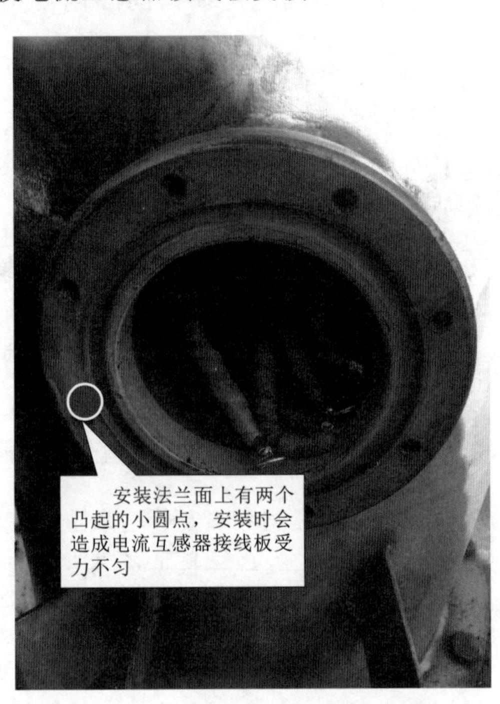

图1-14　电流互感器安装法兰面有两个圆形凸起

检修人员将法兰面上凸起的两个小圆点磨平后再对电流互感器接线板进行安装。同时检查其他套管升高座电流互感器接线板安装法兰是否平整，并未发现有类似问题。

1.2.12 变压器铁芯、夹件采用软连接与接地扁铁连接

变压器铁芯、夹件采用软连接与接地扁铁连接，可以利用软连接的变形抵消接地扁铁热胀冷缩造成的形变，避免机械力传递到变压器铁芯、夹件的接地引出套管，产生渗漏油的问题。同时，使用软连接也有一定的减震和降噪作用，可以提高设备的使用寿命。

1.3 运检阶段

1.3.1 主变 10kV 套管采用软连接

【条款解析】

主变 10kV 套管将变压器低压引线引到油箱外部，作为引线对地绝缘以及起到固定引线的作用，需要具备良好的电气强度和机械强度。一般来说，主变 10kV 套管采用单体瓷绝缘套管，这种套管仅一个瓷套，卡装在变压器油箱上。主变低压侧因载流量大，通常采用铜排与 10kV 套管进行连接。

《国家电网公司变电验收通用管理规定 第 1 分册 油浸式变压器（电抗器）验收细则》中 35kV、20kV、10kV 铜排母线桥装设绝缘热缩保护，加装绝缘护层，引出线需用软连接引出。

但是使用铜排，在制作尺寸有偏差或者环境气温变化导致铜材料热胀冷缩情况下，对套管头部水平拉力较大，容易造成套管偏斜，进而导致套管瓷盖与瓷套连接处以及安装法兰处渗油甚至漏油。

为了杜绝铜排在制作过程中的尺寸偏差，消除环境温度变化引起的热胀冷缩，使主变 10kV 套管不受到水平拉力的影响，防止渗油，需要在套管与铜排连接处安装软连接（图 1-15）。

【案例说明】

某主变 10kV 套管在制作尺寸有偏差或者环境气温变化导致铜材料热胀冷缩情况下，套管容易受到水平拉力，套管瓷盖与瓷套连接处、安装法兰处受到水平拉力影响容易形成渗油（图 1-16）。

1.3.2 主变各阀门标明开断标识

【条款解析】

主变上的各段油路之间通过阀门进行开断。为了保证主变的安全稳定运行，主变有多个阀门需要保持开启。如果阀门上无开断标识，就无法直接观察到主变上各个阀门的开断情况，特别是在主变带电的情况下。

图 1-15　采用软连接后

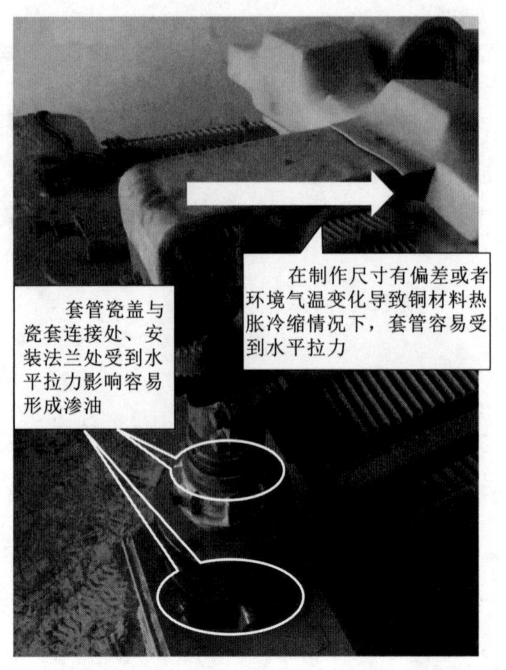

图 1-16　套管瓷盖与瓷套连接处、安装法兰处受到水平拉力影响容易形成渗油

例如，为了保证主变散热效果，主变油箱与散热片连接处阀门需保持打开；为了保持主变油箱变压器油满充状态，并使油温变化时油箱压力保持稳定，主变油枕至主导油管处阀门需要保持打开；为了使有载开关油循环畅通，有载开关在线滤油装置两侧阀门需要保持打开。另外，为了避免一些不必要的渗油，以及检修时防止喷油，需要对一些阀门保持开闭。例如，主变放油阀需要保持关闭，减少密封法兰处的渗油概率，防止检修工作拆开法兰时因阀门未关而造成喷油。

《国家电网公司变电验收通用管理规定　第 1 分册　油浸式变压器（电抗器）验收细则》中变压器阀门操作灵活，开闭位置正确，阀门接合处无渗漏油现象。

为了保证主变安全稳定运行，有效观察主变上各个阀门开断情况，需要对主变上的各个阀门标明开断标识。

【案例说明】

某 220kV 变电站阀门指示不清晰，阀门无明确指示开闭位置的标志，工作人员可能会对阀门开闭状况形成误判，如图 1-17 和图 1-18 所示。

1.3.3　主变铁芯、夹件接地采用软连接

【条款解析】

主变的铁芯、夹件一般采用铜排分别引出接地。随着环境温度的影响，铜排会出现热胀冷缩现象。此时，铁芯、夹件接地采用完全的硬连接（图 1-19）会产生对引

出瓷瓶和支持瓷瓶的拉力，导致引出瓷瓶处渗油或者支持瓷瓶开裂。

图1-17 阀门指示不清晰，阀门无明确指示开闭位置的标志

图1-18 阀门必须根据实际需要处在关闭和开启位置且开闭标志清晰

【案例说明】

某220kV变电站夹件接地未采用软连接，铁芯、夹件接地的支持瓷瓶可能会因为铜排的热胀冷缩导致开裂。软连接如图1-20所示。

图1-19 主变铁芯、夹件接地硬连接

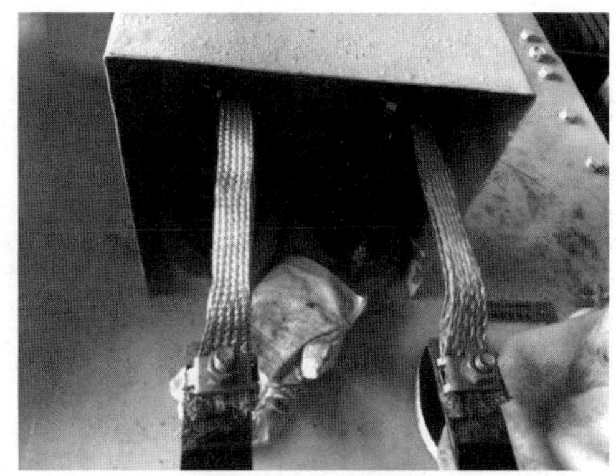

图1-20 软连接

1.3.4 主变 35（10）kV 低压侧采取绝缘化措施

【条款解析】

主变的 35（10）kV 低压侧相间距离较近，在多年的运行经验中发现，树枝、小动物等异物意外接触引起跳闸、短路事件较多，因此对主变低压侧绝缘化作出相应的要求。

绝缘化的材料厚度与层数需要满足长期运行时的绝缘性能要求。绝缘化材料上接地线挂接点应按满足最小需求设置三相挂接点，沿导线方向应呈“品”字形错开 1m，不满足要求的应避免设置接地线挂接点。特殊情况必须设置时，应通过加装绝缘盒等方式进行防护，并做好防进水、防鸟筑巢等措施。完成绝缘化改造后应对材料进行 1min 工频耐压试验，要求相间发生金属性搭接时应能承受 80％短时工频耐受电压。

绝缘化改造部位为：①变压器套管、穿墙套管、独立 TA、隔离开关（除转动部位外）等设备的接头及铜（铝）排；②电缆接头；③当采用裸导线作为设备间引线连接时，其接头外延 1m 范围内的引线；④处于冷却器或片式散热器上方的导线；⑤跨道路管型引线桥；⑥穿墙套管接头外延 1m 范围内的引线；⑦开关柜内裸露母线排及引流排；⑧支撑引流排的固定金具；⑨有必要进行绝缘化改造的其他部位。

【案例说明】

部分主变 35（10）kV 低压侧未采取绝缘化措施，可能会引起低压侧相间短路。变压器套管接头处进行绝缘化处理如图 1－21 所示。

图 1－21　变压器套管接头处进行绝缘化处理

1.3.5 新主变应提供整体密封试验相关记录

【条款解析】

一般 110kV 和 220kV 变压器多采用钟罩式油箱或密封式油箱。钟罩式油箱上下节油箱之间靠螺栓连接，中间用密封条进行密封；而密封式油箱上下箱沿直接焊接在一起。但是，无论是钟罩式油箱还是密封式油箱，都需要在上节油箱开有大小不一的孔，用来安装套管或套管升高座、操作手孔或人孔、分接开关安装孔、储油柜管孔，以及连接压力释放阀的孔、连接冷却装置的孔和温度计座等。这些孔与外部件或盖板之间需采用密封连接。

如果主变的密封性能不好，会导致主变在安装过程的抽真空注油环节中，真空度达不到要求。主变运行过程中会造成主变渗油，严重时造成主变被迫停运。主变密封性能不好的主要原因为：①主变密封条质量较差，易老化易变形；②密封条安装工艺不到位，安装过程中未将密封条垫平或未均匀紧固；③气候原因导致的热胀冷缩以及变压器油的作用加速密封条性能劣化等。

为了杜绝因密封条性能较差和密封条安装工艺不到位导致的主变密封性能不佳，需要基建单位提供主变整体密封试验相关记录，核查其试验数据合格。

【案例说明】

部分新主变在基建安装完成后未能提供整体密封试验相关记录，无法对主变整体密封情况有深入了解。某110kV变电站主变密封条安装工艺不佳，导致主变渗漏油，如图1－22所示。

图1－22　密封条安装工艺不佳，导致主变渗漏油

1.3.6　主变油位应与油温-油位曲线相匹配

【条款解析】

变压器油在环境温度影响下会改变体积。当温度升高时，变压器油体积膨胀，油枕油位会升高；反之，温度下降时，变压器油体积缩小，油枕油位降低。变压器油枕需要保证变压器油体积随着温度变化时可以正常容纳变压器油，并保证变压器油箱内部基本保持微正压状态，防止外界潮气侵入。油温-油位曲线指明了变压器在某一油温下的油位标准数值。

在新主变安装过程中，基建施工单位为后期方便油位调整，通常会在真空注油时将油位加至偏高位置。假如油位偏离油温-油位曲线过高，超出变压器油枕可以容纳的变压器油体积变化的上限，则当变压器投入运行或环境温度升高时，变压器油膨胀，可能会导致变压器油箱内压力升高，严重时引起压力释放阀喷油动作。

图1－23　油温-油位曲线

为了杜绝变压器油箱内压力升高，乃至引起压力释放阀喷油，需要将主变油位与油温-油位曲线相匹配。

【案例说明】

主变油位应与油温-油位曲线（图1－23）相匹配。

1.3.7 主变导油管上的伸缩节应有明确的安装说明

【条款解析】

变压器本体气体继电器安装位置以及散热器与本体分离的变压器导油管上需要安装伸缩节。伸缩节（膨胀节）主要用于补偿管道因温度变化而产生的伸缩变形，也用于管道因安装调整等需要的长度补偿。一般安装在主变上的为波纹管膨胀节。管道伸缩节在使用安装时，一定要严格依据设计部门提供的有关数据。生产厂家需要提供以下数据：

（1）管道压力、通径（管道的通称直径）。

（2）管道设置情况（分为架空管道、直埋管道两种）。

（3）所需管道伸缩节的伸缩量（也称补偿量）。

（4）管道与伸缩节的连接方式（分为法兰连接、焊接两种）。

（5）介质、介质温度。

图 1-24 伸缩节实物

【案例说明】

伸缩节应有明确的安装说明。伸缩节实物如图 1-24 所示。

1.3.8 变压器安装过程中真空注油环节中关键信息应有相关证明材料

【条款解析】

在新变压器安装过程中，抽真空、真空注油、热油循环等环节是主变安装过程中最为关键的环节之一。抽真空注油的正确实施是防止变压器受潮，保证主变安装质量的重要保证。

在抽真空过程中，在常温高真空度下，气体和水分会蒸发并抽到油箱外，减少变压器内部气体含量和保证绝缘的干燥程度，然后在真空状态下用真空滤油机对变压器进行注油，即为抽真空注油工艺。

热油循环一般用于轻度受潮或新安装的大、中型变压器。热油循环利用热油吸收变压器器身绝缘上的水分，带有水分的变压器油循环到油箱外进行干燥后再注入油箱内，通过不断的循环，将器身绝缘上的水分置换出来，从而达到干燥的目的。

抽真空注油过程中的真空度、抽真空时间、注油速度以及热油循环过程中的循环时间、温度是上述环节的关键信息，需要对以上信息进行实时监控并记录。

变压器真空度应符合：220～500kV 变压器的真空度不应大于 133Pa，750～

1000kV变压器的真空度不应大于13Pa。220～330kV变压器的真空保持时间不得少于8h，500kV变压器的真空保持时间不得少于24h，750～1000kV变压器的真空保持时间不得少于48h方可注油。

注油时，注入油温应高于器身温度，注油速度不宜大于100L/min。注油后应进行静置，110kV及以下变压器静置时间不少于24h，220kV及330kV变压器不少于48h，500kV及750kV变压器不少于72h，1000kV变压器不少于168h。

热油循环过程中滤油机加热脱水缸中的温度应控制在(65±5)℃范围内，油箱内温度不应低于40℃，当环境温度全天平均低于15℃时，应对油箱采取保温措施。热油循环持续时间不应少于48h，或不少于3×变压器总油重/通过滤油机每小时的油量，以时间长者为准。

【案例说明】

新变压器安装过程中按照有关标准或厂家规定进行抽真空、真空注油和热油循环，真空度、抽真空时间、注油速度及热油循环时间、温度均应达到要求，同时以上关键信息做好记录，以证明上述过程符合要求。

1.3.9　变压器制造厂应提供新油无腐蚀性硫、结构簇、糠醛及油中颗粒度报告

【条款解析】

变压器油是石油的一种分馏产物，它的主要成分是烷烃、环烷族饱和烃、芳香族不饱和烃等化合物。变压器油有良好的绝缘作用，变压器的铁芯、绕组等浸没在变压器油中，不仅可以提升绝缘强度，还可免受潮气的侵蚀。同时，变压器油的比热较大，变压器运行产生的热量可以通过油上下对流散发出去，在有载开关中的变压器油还承担着灭弧作用。

变压器油中如果存在腐蚀性硫成分，则会促使有害皂类的形成和变压器油的酸反应以及金属的腐蚀，对变压器内部绕组及铁芯造成不良影响。因此需要提供新油无腐蚀性硫报告。

变压器油的结构簇、糠醛及油中颗粒度也会影响变压器油的性能，因此需要提供相关的报告。

【案例说明】

变压器制造厂需要提供新油无腐蚀性硫、结构簇、糠醛及油中颗粒度报告。

1.3.10　变压器本体上法兰面应有跨接线

【条款解析】

变压器储油柜、套管、升高座、有载开关、端子箱等应有短路接地；否则仅靠法兰面金属接触，会因为油漆绝缘而可能出现电位悬空，导致悬浮放电或者静电伤人。

因此需要将储油柜、套管、升高座、有载开关、端子箱等法兰面用跨接线进行跨接，通过主变油箱进行接地。

【案例说明】

将储油柜、套管、升高座、有载开关、端子箱等法兰面用跨接线进行跨接，以保证可靠接地，如图 1-25 所示。

1.3.11 爬梯应加锁

【条款解析】

主变爬梯可方便人员在主变停电的情况下攀登主变。主变爬梯在一般情况下需要加装一个可以锁住的防护装置。在主变运行的情况下，将主变爬梯锁住，防止人员误登主变。同时，主变爬梯锁是否打开可以作为主变是否停电的标志，在大型检修现场，可以防止人员误入带电间隔。

【案例说明】

主变爬梯应加装一个可以锁住踏板的防护装置，如图 1-26 所示。

图 1-25 变压器本体上法兰面跨接线

图 1-26 爬梯加锁

1.3.12 主变非电量保护装置加装防雨罩

【条款解析】

主变非电量保护装置是主变保护的重要形式之一。主变非电量保护装置主要有：①主变压力释放阀；②主变油枕油位计；③主变本体瓦斯、有载瓦斯；④主变温度计。

若主变非电量保护装置防雨措施不到位（图 1－27），雨水很有可能进入非电量装置上的微动开关接线盒或二次回路中间过渡接线盒，导致非电量装置电气回路绝缘不良，引起非电量保护误动作，严重时，甚至可能导致主变误跳失电等严重后果。同时，在基建验收过程中发现，部分防雨罩固定螺栓与主变油管法兰螺栓共用，拆装防雨罩时需要对油管法兰螺栓进行拆卸，对法兰密封性能造成影响。

因此，主变非电量保护需要加装防雨罩，防止雨水对其造成不良影响。

【案例说明】

对未加装防雨罩的主变非电量保护装置加装防雨罩，如图 1－28～图 1－31 所示，同时注意防雨罩的固定螺栓不能与油管法兰螺栓共用。

图 1－27　有载开关气体继电器未安装防雨罩

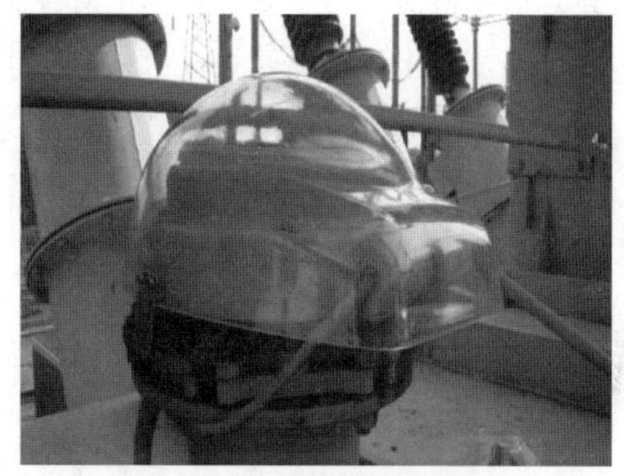

图 1－28　压力释放阀防雨罩

图 1－29　瓦斯继电器防雨罩

图 1－30　温度计防雨罩

1.3.13 主变瓦斯防雨罩应更改为易拆方式，不能用油管螺栓固定

【条款解析】

主变瓦斯继电器需要加装防雨罩，防止雨水进入非电量装置上的微动开关接线盒或二次回路中间过渡接线盒，导致非电量装置电气回路绝缘不良，引起非电量保护误动作。在主变检修时，需要拆下防雨罩，对瓦斯继电器进行检修。同时，因为部分防雨罩结构不佳，容易引起鸟类筑巢，清除鸟窝也需要将防雨罩拆下。目前使用的瓦斯继电器型号较多，大小不一，因此瓦斯继电器的防雨罩形式也五花八门。

有一类防雨罩与瓦斯继电器共用油管上的安装法兰螺栓，在主变未注油前进行安装。但是在拆卸防雨罩时，需要将螺栓松动，很可能会破坏法兰面的密封性能，造成法兰面渗油。

因此，主变瓦斯继电器防雨罩不能与油管螺栓共用，应该改为易拆方式。

【案例说明】

防雨罩固定在油管螺栓上（图 1－32），在拆卸防雨罩时需要松动油管螺栓，会对法兰面的密封造成影响。

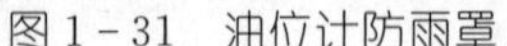
图 1－31 油位计防雨罩

图 1－32 防雨罩固定在油管螺栓上

在防雨罩上四个角留有安装孔，通过螺栓与 U 型管进行固定，如图 1－33 和图 1－34 所示。

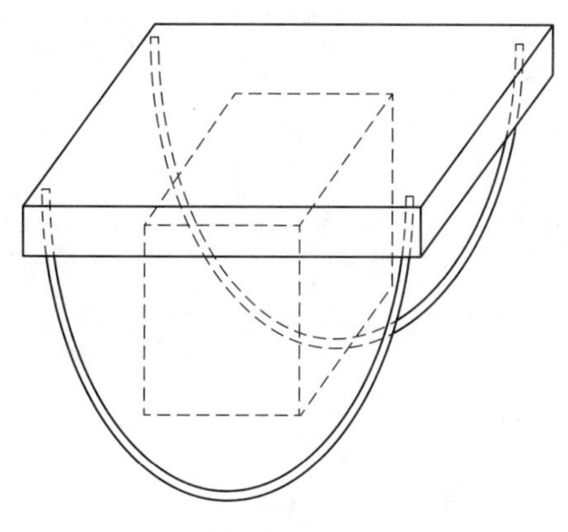

图 1-33　主变瓦斯防雨罩示意图

图 1-34　实物图

1.3.14　压力释放阀喷口应有防小动物网罩

【条款解析】

当主变发生故障，内部压力增加，压力释放阀需要及时将变压器内油喷出，防止事故进一步扩大。压力释放阀泄压通道的通畅与否会影响排油速度，从而影响变压器内部压力释放速度。

当压力释放阀泄压通道喷口无小动物防护网时，小动物可能会爬入泄压通道内，并在内部筑巢，堵塞泄压通道。

因此，需要在压力释放阀喷口处安装防小动物网罩，防止小动物爬入泄压通道内。

【案例说明】

压力释放阀喷口应加装防小动物网罩，如图 1-35 所示。

图 1-35　防小动物网罩

1.3.15　散热器风机应有网罩

【条款解析】

风冷形式的变压器，风机散热是主变散热的主要手段。风机一般加装在散热片下方，风机上部有较大空间。

如果风冷的变压器，散热器风机未加

装防护网，可能会导致异物飘入或人员误碰风机风扇，存在安全隐患。

散热器风机加装网罩可以有效防护异物落入风机内造成风机故障。同时，网罩可以防护人员误碰风机风扇，保护运维检修人员的安全。

【案例说明】

图 1-36 中风机未加装网罩，易造成异物掉落和人员误碰。

图 1-36　风机未加装网罩

1.3.16　套管油位应符合要求

【条款解析】

目前 66kV 以上的电压等级绝缘套管一般采用电容式套管。其中，油纸电容式套管在电容芯子与瓷套之间的空隙需要注满变压器油，因此在套管头部有一个适应变压器油热胀冷缩用的储油柜。

基建施工过程中往往忽视套管油位情况，导致套管油位不满足要求。

为了避免出现套管油污不满足的情况，套管垂直安装时油位应在 1/2 以上（非满油位），倾斜 15°安装时应高于 2/3 至满油位。

1.3.17　某 110kV 变压器套管存在尾部断裂隐患，应加强巡检和及时更换

某公司生产的 110kV 变压器套管尾部机械强度不足、易破损断裂，存在套管密封失效甚至破坏线圈出线引线的重大风险。

【案例说明】

某省多个变电站在 2021 年分别发生一起套管尾部断裂事件，故障套管均为 2008 年出厂产品。

1.3.18　防止变压器低压侧串接限流电抗器事故

【条款解析】

户外电抗器运行中表面易吸附粉尘和污物，造成电抗器内壁严重积污，影响电抗器散热，并损伤电抗器绝缘甚至引发电抗器匝间绝缘短路，导致电抗器烧损。户外用限流电抗器应结合停电检修加装防雨罩，按期涂覆绝缘涂料。

1.3.19　防止变压器中低压侧异物搭接导致短路跳闸

【条款解析】

绝缘化材料应结合变压器常规巡检开展定期检查。绝缘包覆应无破损、无异常开

口；绝缘化材料表面应清洁、无积水、无油渍、无起泡或松脱，无肉眼可见的气孔和龟裂；绝缘化改造部位及附近应无明显异物、小动物等。台风、雷雨季节前后应开展专项巡视检查。

绝缘化材料使用时长不应超过12年，并应结合变压器停电检修进行耐压试验。超过使用年限或耐压值低于规定值时，应进行更换改造处理。

【案例说明】

某省电网公司部分变压器35kV、20kV、10kV侧未开展绝缘化改造或绝缘化材料性能规格不满足标准要求，接地点未按“品”字形布置；部分变压器绝缘化材料运行维护不到位，出现破损、脱落或严重老化等问题。异物搭接时不能有效发挥绝缘作用，引起相间或对地短路，导致主变短路跳闸。

1.3.20 防止有载分接开关油室进水

变压器有载分接开关油室进水，导致切换开关芯子及弹簧储能滑架导轨锈蚀卡涩、无法动作，进一步导致主变在切换过程中出头拉弧、故障损坏。

【条款解析】

有载分接开关注油、补油作业应严格按照《电力变压器有载分接开关注油补油作业指导书》执行。

110kV及以上变压器有载分接开关在新安装时应进行吊检，按设备检修周期每3年增加一次开关油室微水检测；每6年开展一次吊检，同步更换开关油和在线滤油机滤芯。微水、耐压不合格时应结合有载分接开关振动特性检测结果进行综合分析。

1.3.21 对雷诺儿结构套管加强巡视和及时更换

【条款解析】

雷诺儿结构套管末屏接地不可靠造成套管末屏悬浮放电及渗漏油。抚顺雷诺儿、抚顺传奇及沈阳传奇2008年1月前出厂的套管末屏座采用雷诺儿结构，接地铜套易回弹不到位导致末屏接地不良，发生悬浮放电并渗漏油，危及套管安全运行。

第 2 章

断路器全过程技术监督

2.1 设计阶段

2.1.1 投切并联电容器用断路器必须选用 C2 级断路器

【条款解析】

C2 级断路器指断路器型式试验验证的容性电流开合试验中具有非常低的重击穿概率。对用于投切电容器负荷的断路器，触头在合闸时需承受暂态电压和关合涌流，分闸时需承受触头分开后其两端的恢复电压。在开断容性负载时，由于电流过零时电压处于最大幅值，容性负载残余电压的原因，可能造成分断过程中电弧重击穿、损伤触头等，极端情况下可能造成设备爆炸。

2.1.2 断路器动作计数器不得带有复归机构

【条款解析】

动作计数器是记录断路器动作次数、评估断路器机械寿命的基础。目前部分制造厂采用电子式动作计数器，在设备断电后数据会归零；部分制造厂采用机械式计数器，可回拨减少动作次数，上述情况将影响断路器机械寿命记录和机械磨合试验的可信度。

2.1.3 新投的分相弹簧机构断路器的防跳继电器、非全相继电器不应安装在机构箱内，应装在独立的汇控箱内

【条款解析】

布置在弹簧机构箱内的防跳继电器、非全相继电器在断路器操作过程中可能受振动导致误动。《开关设备技术监督导则》（Q/GDW 11074—2013）要求“断路器防跳继电器、非全相继电器的安装应能避免振动造成的影响，不允许采用挂箱方式安装在断路器的支架上，应独立落地安装或装在汇控箱内”。ABB 公司 LTB245E1 型断路器

曾在运行中发生合闸后立即跳开的案例。

2.1.4 采用双跳闸线圈机构的断路器，两只跳闸线圈不应共用衔铁，且线圈不应叠装布置

【条款解析】

双分闸线圈应分别设置独立衔铁确保两套独立脱扣。在发生动铁芯卡滞等故障时，共用衔铁、叠装布置的双跳闸线圈将同时失效，不能起到双重冗余配置的作用。线圈叠装布置时，一套线圈过热故障，将对另外一套线圈造成影响。

2.1.5 新安装的 SF_6 断路器的密度继电器与开关设备本体之间的连接方式应满足不拆卸校验密度继电器的要求

【条款解析】

不满足不拆卸校验的密度继电器接头没有关断阀，在不拆卸的情况下，密度继电器与本体间气路处于连通状态，无法模拟调整密度继电器所承受的压力，因而无法对其灵敏度和接点开闭情况进行校验。拆卸密度继电器需同步更换其配套密封圈（一般分为紫铜垫圈和O型密封圈两种），同时多次拆卸容易造成密封不良，气体泄漏。因此，密度继电器连接应满足不拆卸校验的要求，避免校验时拆卸造成密封不良、气体泄漏等问题。

对不满足不拆卸校验的在运断路器，不回收气体即可整改的，结合停电进行整改；需回收气体方可整改的，结合设备大修或改造进行整改；对因空间限制确无法整改的，拆卸密度继电器进行校验，校验完毕后务必检漏。

2.1.6 密度继电器应装设在与被监测气室处于同一运行环境温度的位置。对于严寒地区的设备，其密度继电器应满足环境温度在－40～－25℃时准确度不低于2.5级的要求

【条款解析】

密度继电器必须与断路器本体处于相同环境中，才能避免密度继电器误补偿、误动作。对于冬季需开启伴热带的设备，应根据现场实际情况确定密度继电器的安装位置或采取措施，使密度继电器所处环境温度与本体内气体温度尽可能保持一致。早期部分型号的 SF_6 断路器密度继电器安装在机构箱中，机构箱内有加热器及密封保温措施，当断路器所处的温度下降时，密度继电器会因误补偿而报警或闭锁动作。对密度继电器未布置在与本体同一运行环境温度的断路器，满足不回收气体即可改造条件的，结合停电进行整改；对于需回收气体的，结合设备解体大修或改造进行整改；对于温差较小且整改难度较大的，考虑到压力偏差为负偏差，报警或闭锁后及时补气能

够保证设备正常运行，经综合评估后可暂不整改。

为防止严寒地区密度继电器误拒动，其准确度应满足运行环境温度的要求。《六氟化硫气体密度继电器校验规程》（DL/T 259—2023）对－25～60℃温度范围的允许误差提出校验要求。SF_6 密度继电器在－25℃以下严寒环境使用时，若发现指示不准确及接点误拒动问题，应针对－40～－25℃温度范围的指示准确度，参照规定补充允许误差不超过满量程±2.5%（准确度等级不低于 2.5 级）的要求，厂家应提供密度继电器准确等级的校验报告。

2.1.7 新安装 252kV 及以上断路器每相应独立安装气体密度继电器

【条款解析】

断路器内部放电或开断故障电流时，SF_6 气体会产生多种分解产物，对采用三相联通共用一只密度继电器的方式，单相气室发生故障后故障气体会通过连接管路进入其他两相，导致其他两相也必须进行试验或检修，大大增加了现场气体处理的工作量。252kV 及以上断路器一般为分相结构，要求分相设置独立的密度继电器。

2.1.8 户外安装的密度继电器应设置防雨箱（罩），密度继电器防雨箱（罩）应能将表、控制电缆接线端子一起放入，防止指示表、控制电缆接线盒进水受潮

【条款解析】

密度继电器是断路器的重要部件，它能够在气体密度降低时发出告警，或在密度继续下降后闭锁控制回路，因此密度继电器的指示和动作精确性要求非常高。若密度继电器没有防雨罩却长期运行在户外，会有以下影响：

（1）密度继电器结构较为复杂，其内部波纹管、C 型管、微动开关等均是精度要求很高的零件，因此受环境的影响也会较大，这些零件若长期受到高湿度、雨水的腐蚀，将导致他们的配合精度下降，不能正确告警和闭锁，影响密度继电器的功能。

（2）密度继电器内部气压很高，管路接头和密封圈等在雨水和阳光直射下老化后，可能出现漏气情况，而密度继电器漏气只能通过更换来解决，更换需要将断路器停电，影响电力系统的可靠性，严重的漏气还可能导致断路器绝缘能力降低，导致断路器放电、爆炸，后果严重。

（3）微动开关、接线端子等组成的控制回路在水分的作用下绝缘能力降低，导致频发误告警、误闭锁，尤其在梅雨季节，这种情况较为多发。

因此，对于密度继电器接线部位，必须采取适当的防雨措施，但不局限于防雨罩一种防雨方式。对于安装在机构横梁内的密度继电器，如横梁上部没有挡板起不到防雨作用，仍需采取措施，如加防雨罩或横梁挡板。《国家电网有限公司十八项电网重

大反事故措施（修订版）》第 12.1.1.3.4 条规定："户外断路器应采取防止密度继电器二次接头受潮的防雨措施"，防雨罩需要将把密度继电器和控制电缆接线端子一并放入。图 2-1 为二次接线受潮引起的锈蚀。图 2-2 为非有效的防雨措施。

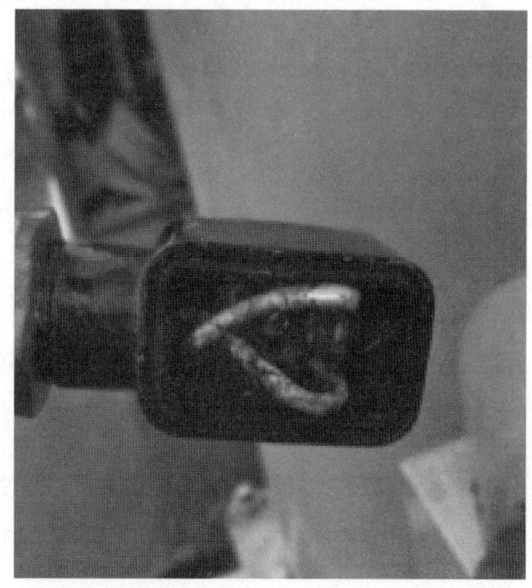

图 2-1　二次接线受潮引起的锈蚀

图 2-2　非有效的防雨措施

2.1.9　新投运设备不得使用某 ST3PA、某 LTD-3000 型继电器

【条款解析】

某 LTD-3000 型继电器动作时间不稳定曾造成重合闸失败。

2.1.10 隔离开关主触头镀银层厚度应不小于 20μm，硬度不小于 120HV，并开展镀层结合力抽检，出厂试验应进行金属镀层检测。导电回路不同金属接触时应采取镀银、搪锡等有效过渡措施

【条款解析】

来源于国家电网有限公司发布的《高压隔离开关订货的有关规定（试行）》（国家电网公司生产输变〔2004〕4 号）、《电网金属技术监督导则》（DL/T 1424—2015）相关要求。触头镀银层经受分合闸操作摩擦后可能脱落、剥离，应按照《银电镀层规范》（SJ/T 11110—2016）、《金属基体上的金属覆盖层电沉积和化学沉积层附着强度试验方法评述》（GB/T 5270—2005）、《电网设备金属质量检测导则　第 1 部分：导体镀银部分》（Q/GDW 11718.1—2017）开展镀层附着力测试。根据国家电网有限公司物资采购标准规定，隔离开关出厂试验应开展金属镀层检测。

2.1.11 隔离开关宜采用外压式或自力式触头，触头弹簧应进行防腐、防锈处理。内拉式触头应采用可靠绝缘措施以防止弹簧分流

【条款解析】

依据国家电网有限公司发布的《高压隔离开关订货的有关规定（试行）》（国家电网公司生产输变〔2004〕4 号），采用外压式或自力式触头可避免内拉式触头弹簧分流发热、弹性降低后造成接触不良的问题，内拉式触头需落实防分流要求。隔离开关触头弹簧若不进行防腐处理，运行过程中易发生锈蚀、断裂。

隔离开关触头弹簧应符合《热卷圆柱螺旋压缩弹簧　技术条件》（GB/T 23934—2015），弹簧表面应采用磷化电泳工艺防腐处理，涂层厚度和附着力应满足技术要求，不锈钢弹簧应执行《不锈弹簧钢丝》（GB/T 24588—2009）的要求。

对采用内拉式触头的新隔离开关，验收时应检查其触头弹簧防分流措施是否完善有效，非不锈钢触头弹簧是否进行电镀、磷化等防腐处理，必要时应向制造厂索取弹簧材质和防腐工艺资料，并开展相应检测。对已有的内拉式触头隔离开关，应结合检修开展弹簧绝缘垫片完好性检查等，确保防弹簧分流措施有效发挥作用。

2.1.12 上下导电臂之间的中间接头、导电臂与导电底座之间应采用叠片式软导电带连接，叠片式铝制软导电带应有不锈钢片保护

【条款解析】

隔离开关转动部位导电连接方式有转动触指盘、铜编织带、叠片式软导电带、导电轴承等。转动触指盘塑料外壳在户外运行时很快老化脆裂或进水，造成发热。铜编织带在户外污秽环境中运行时，局部腐蚀容易发展为整节变质，导致断裂散股、焊点

脱落等。导电轴承可维护性差。采用外覆不锈钢带保护的软导电带作为转动部位导电连接，导电接触面固定，强度较优，可有效减少发热缺陷，减轻检修维护工作量。在运设备可结合大修改造逐步完善。

2.1.13 配钳夹式触头的单臂伸缩式隔离开关导电臂应采用全密封结构。传动配合部件应具有可靠的自润滑措施，禁止不同金属材料直接接触。轴承座应采用全密封结构

【条款解析】

GW10 型、GW16 型等单臂隔离开关采用非全密封导电臂，长期防水性能不良，导电臂进水、积污、结冰，导致传动部件卡涩拒动。新安装隔离开关导电臂应避免采用异形结构的密封设计，宜采用 O 型或圆形密封结构。不满足要求的设备应逐步安排检修改造。

2.1.14 隔离开关应具备防止自动分闸的结构设计

【条款解析】

隔离开关应采用驱动拐臂或主拐臂过“死点”并限位自锁等结构，如图 2-3 所示，使隔离开关可靠地保持于合闸位置。不满足要求的设备应逐步安排改造。

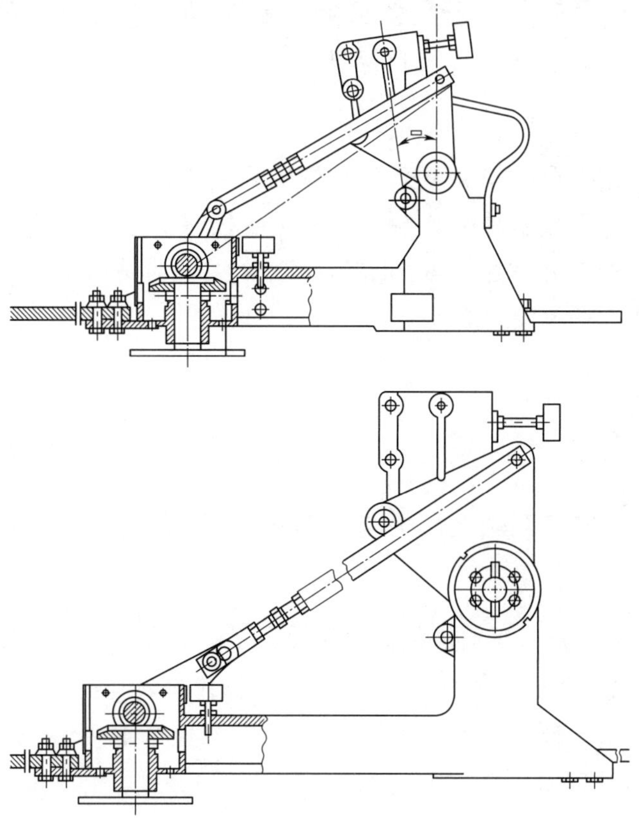

图 2-3 隔离开关过死点

2.1.15 隔离开关和接地开关应在生产厂家内进行整台组装和出厂试验。需拆装发运的产品应按相、按柱做好标记，其连接部位应做好特殊标记

【条款解析】

隔离开关和接地开关在工厂内整体组装，在各项性能指标调试合格后，应对传动、转动等部位以及绝缘子装配做醒目标记，隔离开关到达现场后根据所做标识进行组装，保证产品性能与出厂时一致，禁止在现场对传动杆等进行切割、焊接。制造厂和安装、检修单位应严格执行。

2.1.16 隔离开关与其所配装的接地开关之间应有可靠的机械联锁，机械联锁应有足够的强度。发生电动或手动误操作时，设备应可靠联锁

【条款解析】

足够强度的机械闭锁装置是防止误分、合接地开关最重要的有效技术手段，可靠的机械闭锁包括强度的要求和配合精度的要求，这两方面任一方面不满足都可能造成误操作事故。在发生电动或手动误操作时，应能可靠闭锁，不得损坏任何元器件。

2.1.17 操作机构内应装设一套能可靠切断电动机电源的过载保护装置。电机电源消失时，控制回路应解除自保持

【条款解析】

强调了国家电网有限公司物资采购标准中关于防止电动操作不停闸导致设备损坏，以及防止某些情况下操作后接触器未失磁时投电机电源隔离开关误动的相关要求。具体可采取将控制电源空开串在电机电源空开之后，或将电机电源空开辅助接点或继电器串入隔离开关控制回路等。

2.2 基建阶段

2.2.1 SF_6断路器充气至额定压力前，禁止进行储能状态下的分/合闸操作

【条款解析】

SF_6 断路器未充入额定压力的绝缘气体时，SF_6 断路器压气缸压力低，断路器操作负载减小，储能后分合闸操作易造成灭弧室及操作机构部件的损坏。《电气装置安装工程 高压电器施工及验收规范》（GB 50147—2010）要求 SF_6 断路器和操作机构的联合动作应按照产品技术文件要求进行，并应符合下列规定“在联合动作前，断路器内应充有额定压力的 SF_6气体”。

2.2.2　断路器机构高度应设置合理，便于巡视检修

【条款解析】

断路器投运后，为了确保其运行可靠，需要定期进行巡视，巡视时需要打开断路器机构观察内部继电器、电机、液压油路、接线端子等，若机构箱位置太高，将会引发不便，增大巡视时的风险。同样，机构箱位置过高还会给检修工作带来不便。图2-4为机构箱位置过高，不利于巡视检修。图2-5为在机构箱下方设置平台，方便巡视检修。

图2-4　机构箱位置过高，不利于巡视检修

图2-5　机构箱下方设置平台，方便巡视检修

2.2.3　断路器机构箱内加热器数量和功率应满足需求，加热器与各元件、槽盒、电缆的距离应大于50mm，并不会对相邻元器件造成损害

【条款解析】

安装加热器对于机构箱内的温度、湿度具有一定的调节作用，对于保证机构箱内的运行环境、提高元器件的使用寿命具有重要意义。如果二次电缆与加热器距离过近，长期运行会导致电缆外绝缘老化，造成绝缘破损、断路器误发信号或误动作。图2-6为辅助开关的二次电缆与加热器距离过近，导致辅助开关外表面出现熏黑痕迹。根据《变电设备验收规范　第2部分：断路器》（Q/GDW 11651.2—2017）要求：机构箱内加热器、驱潮装置及控制元件的绝缘应良好，加热器与各元件、电缆及电线的距离应大于50mm。

2.2.4　断路器机构箱内的时间继电器应进行校验，防止因整定错误或整定值偏移造成机构不能正确动作

【条款解析】

时间继电器是电气控制回路中非常重要的元器件，在断路器机构的二次回路中，需

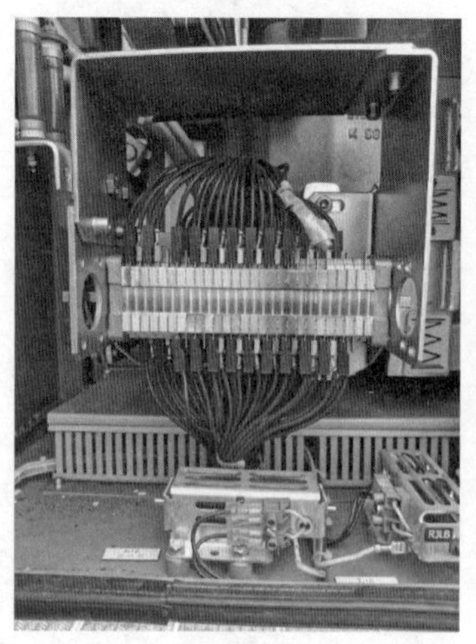

图 2-6　二次电缆与加热器距离过近

要使用时间继电器来实现延时控制或超时保护。如果时间继电器整定错误或模式选择错误，会造成延时控制和超时保护功能失效，导致机构内其他元器件的损坏，甚至机构不能正确动作。图 2-7 为断路器储能超时继电器整定时间偏移，造成超时保护功能失效，图 2-8 为防止 SF_6 密度继电器抖动误闭锁的时间继电器，模式选择错误，造成控制回路异常。因此，在基建阶段应对机构箱内的时间继电器进行校验，检查其模式选择是否正确，校验其时间整定值是否偏移，确保时间继电器功能正常，机构能正确动作。

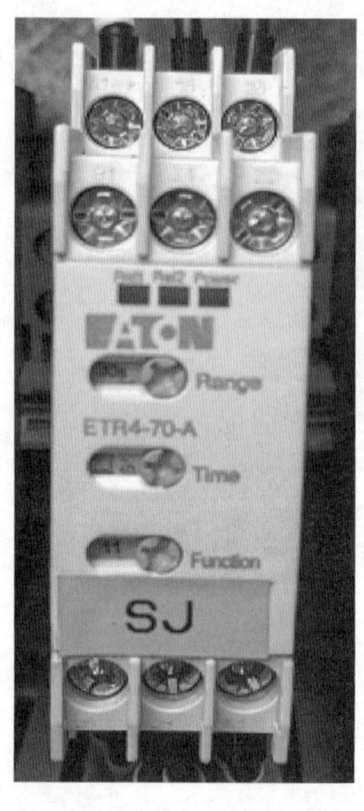

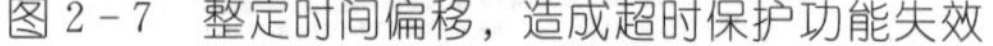

图 2-7　整定时间偏移，造成超时保护功能失效

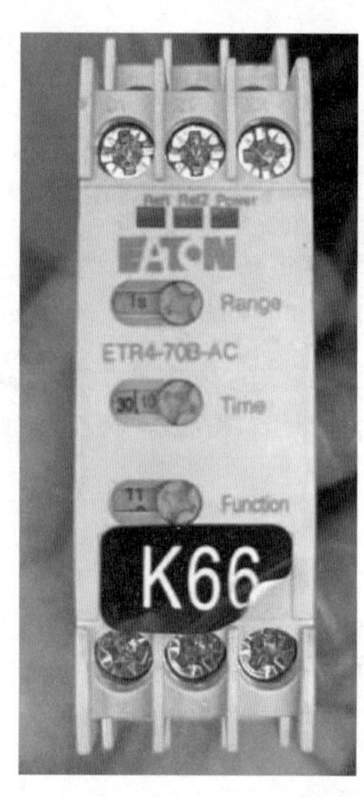

图 2-8　模式选择错误，造成控制回路异常

2.2.5 竣工验收应检查隔离开关的传动部位及外露平衡弹簧，应涂敷润滑脂，润滑脂一般使用二硫化钼锂基润滑脂

【条款解析】

施工单位完成安装后若不涂润滑脂，隔离开关虽然在刚投运时运行正常，但在运行几年后将会出现卡涩、操作费力的情况，严重的甚至会引起连杆断裂，从而引发事故。

这是因为隔离开关的结构中有许多传动部件，如轴承、拐臂、弹簧等，运动的部件都需要润滑，因此需要涂敷润滑脂（图 2-9），同时这些部件在长期的运行中容易积灰、腐蚀、生锈，影响隔离开关的功能，因此这些部件还需要维护。

2.2.6 110kV GW4 型隔离开关竣工验收时，应注意检查该型号隔离开关需加装防坠踏板

【条款解析】

GW4 型隔离开关（图 2-10）的位置较高，一般为 2～3m，需要用梯子上下，而 110kV GW4 型隔离开关数量庞大，检修任务重，安装防坠落踏板可以大大提高检修作业的安全性和工作效率。

图 2-9　平衡弹簧上涂抹二硫化钼锂基润滑脂

图 2-10　GW4 型隔离开关

2.2.7 隔离开关的操作机构高度应适合手动操作，手动操作手柄高度应为 1100～1300mm，在竣工验收过程中应考虑手动操作的便利性。操作手柄的高度过高或者过低均不利于操作，应对高度进行调整

【条款解析】

隔离开关本体安装的高度较高，因此需要操作机构来驱动，隔离开关机构如图 2-11 所示。通常，操作机构可分为电动和手动两种，电动机构通过电机驱动，手

动机构则需要人力来驱动。为了操作方便，竣工验收时需要将操作机构安装在大多数人都能够适应的高度，经验值为 1100～1300mm。

2.2.8 隔离开关若使用叠片式铝制软导电带，应有不锈钢片保护

【条款解析】

无不锈钢片保护的部分薄导电带（软连接）在运行中容易被风一片一片吹断，如图 2－12 所示，竣工验收时应要求制造厂采用的叠片式铝制软导电带使用不锈钢片保护。

图 2－11　隔离开关机构

图 2－12　无不锈钢片保护的软连接

2.2.9 竣工验收时应检查制造厂开展隔离开关机械操作试验所提供的试验报告

【条款解析】

为避免机械结构的触头出现卡涩，保证隔离开关长期稳定可靠运行，《国家电网有限公司十八项电网重大反事故措施（修订版）》规定："组合电器用断路器、隔离开关和接地开关以及罐式 SF_6 断路器，出厂试验时应进行不少于 200 次的机械操作试验（其中断路器每 100 次操作试验的最后 20 次应为重合闸操作试验），以保证触头充分磨合。200 次操作完成后应彻底清洁壳体内部，再进行其他出厂试验。"机械操作试验次数不够将无法保证触头的充分磨合，在投运后的操作中容易发生触头卡涩机构断裂的情况，因此制造厂应按要求进行机械操作试验。

2.2.10 操作机构箱防护等级户外不得低于 IP44，户内不得低于 IP3X；箱体应可三侧开门，正向门与两侧门之间有连锁功能，只有正向门打开后其两侧的门才能打开

【条款解析】

安装及检修中，往往要将隔离开关机构箱门打开，但机构箱内机械及电气元件众多，

只开一个门将给检修带来不便，因此箱体应可三侧开门，为了避免两侧二次回路线误接触，应保证正向门与两侧门之间有连锁功能，只有正向门打开后其两侧的门才能打开。

2.2.11 竣工验收时应保证同一间隔内多台隔离开关电机电源应设置独立开断设备，如同一个间隔的母线隔离开关、线路隔离开关、线路接地开关、开关母线侧接地开关等的电机电源空开应该分开设置

【条款解析】

同一间隔内多台隔离开关电机电源应设置独立开断设备出于以下两方面的考虑：

(1) 减小故障影响。一台隔离开关故障短路后跳开空开，同间隔内的其他隔离开关应不受影响，能够操作，若共用一个空开，一台隔离开关断路后整个间隔内的其他隔离开关也不能操作，扩大了故障的影响。

(2) 检修中防误操作。停电检修中，同间隔的所有隔离开关不同时停役，而组合电器的接线方式不直观，在检修停电隔离开关时容易误操作运行隔离开关，如果将电机电源分开设置，在检修中就可以将运行隔离开关的电机电源断开，降低了误操作的可能性。

图 2-13　隔离开关电机电源设置独立空开

出于以上两方面的考虑，同一间隔内多台隔离开关电机电源分别设置独立开断设备，采用点对点供电，如图 2-13 所示。

2.2.12 竣工验收时应验证隔离开关是否有完善的电气联锁。对变电所同间隔内开关和两侧闸刀电动机构、主刀电动机构和接地开关操作机构电气联锁回路的要求，接地开关机构是手动机构的，在接地开关合闸时须闭锁主刀合闸电源

【条款解析】

加装联锁装置的目的是防止在操作过程中发生误操作和误并列事故。

(1) 防止带负荷分、合隔离开关。为了保证操作的安全，操作隔离开关必须按照一定的操作顺序，即合闸操作时，先合隔离开关，后合断路器；分闸操作时，先拉断路器，后拉隔离开关。否则将发生误操作，造成相间短路事故。因此设定联锁，只有在断路器分闸状态下才能操作隔离开关。

(2) 防止带接地线（接地开关）合隔离开关，根据变电所同间隔内开关和两侧闸刀电动机构、主刀电动机构和接地开关操作机构电气联锁回路的要求，接地开关机构是手动机构的，在接地开关合闸时须闭锁主刀合闸电源。

2.3 运检阶段

2.3.1 对频繁操作的无功投切开关应开展差异化运维，必要时缩短巡检和维护周期，每年应统计投切次数并评估电气寿命

【条款解析】

SF_6 断路器、真空断路器用于投切电容器、电抗器时操作频繁，易出现关合涌流时弧触头烧损、触头熔焊及开断时介质恢复强度下降问题。应每年统计操作次数，评估断路器电气寿命，防止发生开断失败事故。

建议：无功投切开关 1 年内投切次数达到 1000 次时，应闭锁 AVC 自动投切功能，并开展无功投切功能的例行检查试验，确认设备状态完好；无功投切开关操作 2000 次（分合闸算 1 次）应开展专业维保，操作次数达额定 50%时可更换机构，国产无功投切开关操作 5000 次、合资开关 10000 次，或运行超过 20 年以上的无功投切开关可更换。

2.3.2 三通阀存在隐蔽缺陷，安装前注意检查是否存在砂眼等问题

【条款解析】

根据《国家电网有限公司十八项电网重大反事故措施（修订版）》："密度继电器与开关设备本体之间的连接方式应满足不拆卸校验密度继电器的要求"，对于变电站已投运的断路器，应结合检修开展 SF_6 表计的三通阀改造，改造使用的三通阀在安装前应确保外观平整，密封性良好。

【条款解析】

2020 年，运维人员巡视发现 220kV××变××开关出现 SF_6 压力偏低，补气后再次出现 SF_6 压力偏低。该开关 SF_6 气体额定压力为 0.64MPa，报警压力为 0.54MPa，闭锁压力为 0.51MPa。2020 年，检修人员曾两次对该台开关补气至额定压力，并检测出泄漏点为开关极柱气室与 SF_6 表计连通部位的三通阀。开关设备厂家为苏州阿尔斯通高压电气开关有限公司，型号为 GL312F1/4031P，2013 年制造。该台开关在 2018 年进行三通阀改造，三通阀厂家为上海乐研电气有限公司，型号为 RDFE02。

经检验，发现三通阀泄漏部位的表面存在凹陷、不平整现象，凹陷部位可能是该产品的薄弱点，在长期承受 SF_6 气体高压后，薄弱点的密闭性被破坏，导致出现 SF_6 气体泄漏。而厂家新邮寄的备品中也存在三通阀表面粗糙、有轻微裂缝情况。图 2-14 为拆下的三通阀，图 2-15 为厂家新邮寄的备品三通阀之一，二者的表面均存在凹陷、不平整现象。

图 2-14　拆下的三通阀

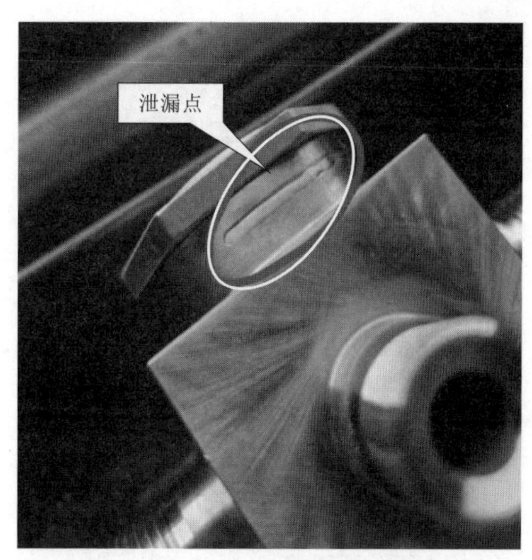

图 2-15　新邮寄的备品三通阀之一

据了解，2018 年该开关三通阀改造时，加装三通阀后检漏发现该三通阀存在漏气问题，随即进行更换。而此次出现漏点的三通阀为 2018 年更换的第二只。

2.3.3　断路器液压操作机构排气装置长期运行易出现渗油故障，应定期进行专项检查或维护

【条款解析】

西门子断路器液压操作机构自动排气装置可实现液压油泵的自动排气，解决由于油泵气体积聚引起的“打压超时”缺陷，保证了断路器的工作可靠性，确保了电网的稳定运行。但结合日常检修发现，排气装置使用的软管长期运行存在老化断裂的风险，软管断裂会导致液压油泄漏，断路器油压异常。

【案例说明】

2020 年 10 月 11 日，220kV××变后台出现××开关油压低闭锁重合闸告警，现场检查发现自动排气装置的连接部位出现渗油，进一步检查发现连接软管出现老化破裂痕迹，导致机构液压油渗漏。

后续对该地区西门子断路器液压机构的排气装置进行专项检查维护，发现有多起排气装置连接软管部位渗油现象，部分连接软管同样出现老化破裂痕迹。图 2-16 为运行状态良好的断路器排气装置，图 2-17 为已出现老化的断路器排气装置连接软管，软管脆化、颜色加深。

2.3.4　西门子断路器弹簧操作机构箱易进水受潮，应加强机构箱的防雨驱潮措施

【条款解析】

西门子断路器弹簧操作机构箱内上部驱动轴轴套与机构箱顶板之间有缝隙，积水

图 2-16　运行状态良好的断路器排气装置

图 2-17　连接软管老化

从缝隙处进入机构箱，导致机构箱内进水凝露，元器件受潮。部分型式的机构箱内上部密度计与机构箱顶板之间也有缝隙，同样易进水受潮。

【案例说明】

2019 年，220kV××变电站××间隔开关机构箱内出现积水，该开关为西门子 3AP 型弹簧操作机构。同年，该地区另一 220kV 变电站的同型号开关机构箱内部积水。检查发现进水部位主要在机构箱顶部的驱动轴轴套与机构箱顶板之间、密度计与顶板之间，因为轴套和密度计与顶板之间均存在一定的缝隙，大雨天气下该部位极易进水，造成机构箱内部积水，元器件受潮。图 2-18 为驱动轴轴套与机构箱顶

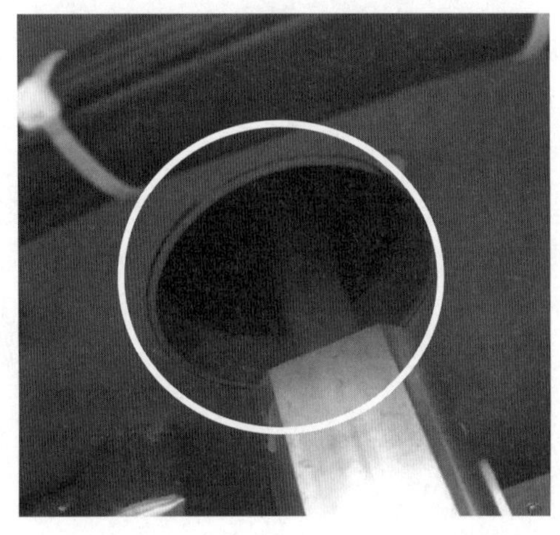

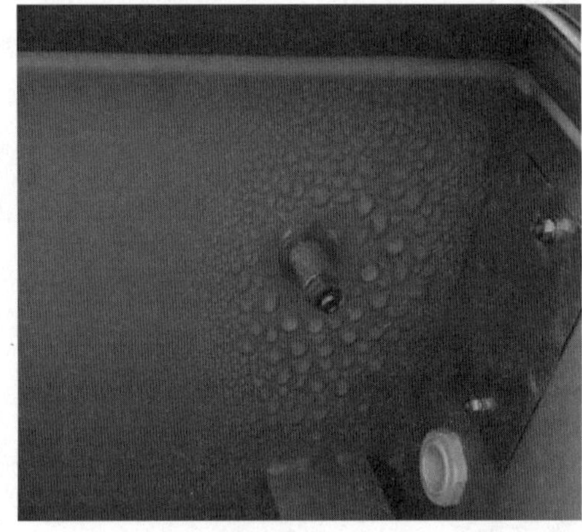

图 2-18　驱动轴轴套与机构箱顶板之间有缝隙，机构箱内积水

板之间有缝隙，机构箱内积水。图 2-19 为密度继电器与机构箱顶板之间有缝隙，机构箱内积水。

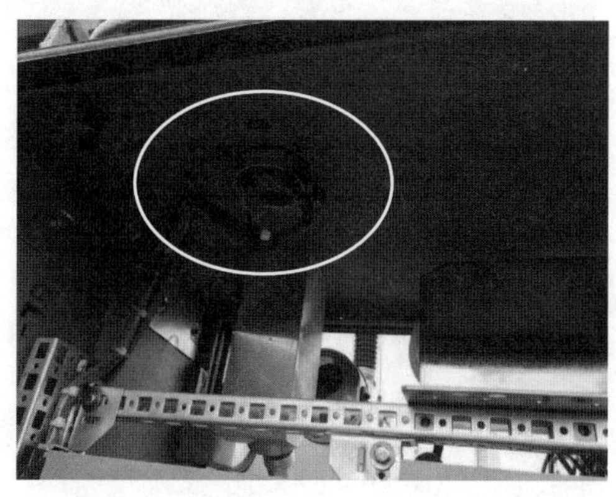

图 2-19　密度继电器与机构箱顶板之间有缝隙，机构箱内积水

应加强该型式断路器机构箱的密封性检查，加强机构箱的防雨驱潮措施，在检修阶段可采取以下措施：

（1）在断路器机构箱顶部两侧加装防雨沿，更换机构箱的密封条，提高箱体整体的防雨能力。

（2）在断路器机构箱顶部手孔与轴套之间、顶板与波纹管之间涂一层玻璃密封胶，在机构箱内顶部轴套与手孔之间涂一层玻璃密封胶，提高箱体上微小间隙的防雨能力。

2.3.5　针对 ABB 产配有 BLK 机构的 LTB 型断路器，检修时注意检查白片位置是否到位

【条款解析】

弹簧白片的作用是弹簧内外圈之间的缓冲，当弹簧白片发生跑位，弹簧内圈与外圈之间将发生硬接触，可能使弹簧发生变形。白片发生跑位预示着储能弹簧可能发生性能下降，因此当白片发生移位时需要调整储能弹簧，并通过机械特性试验来检验储能弹簧的功能。

【案例说明】

2018 年 3 月 21 日，220kV××变××间隔开关停电检修，在对 C 相机构箱内进行检查时，打开机构箱顶盖后发现弹簧白片发生跑位。图 2-20 为弹簧白片实际位置，图中已发生跑位。图 2-21 为弹簧白片处于两条线范围内，为正常位置。开关设备厂家为北京 ABB 高压开关设备有限公司，型号为 LTB245E1，操作机构型号为 BLK222，2007 年 12 月制造生产。

图2-20　弹簧白片发生跑位

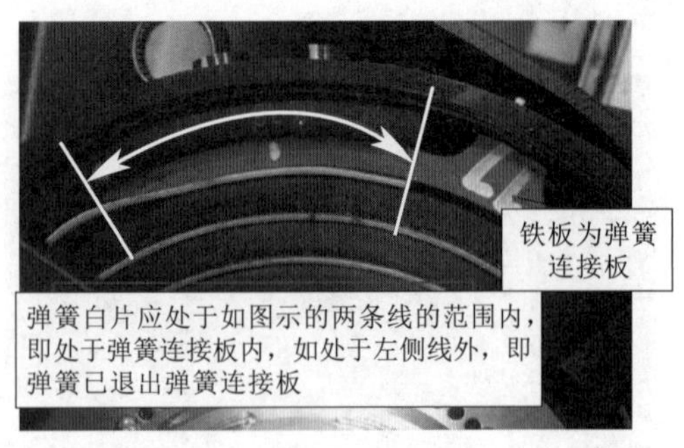

图2-21　弹簧白片正常位置

2.3.6　机构箱应密闭良好、防雨防潮性能良好，箱内安装有防潮装置时，加热装置应完好，加热器与各元件、电缆及电线的距离应大于50mm；机构箱内控制和信号回路应正确并符合现行国家标准《电气装置安装工程　盘、柜及二次回路接线施工及验收规范》(GB 50171—2012）的有关规定

【条款解析】

隔离开关大多运行在户外，受环境影响大，而机构箱内有许多电气和机械元件，这些元件对工作环境的要求较高。若机构箱内部湿度太大，机械部件如齿轮和轴承等容易生锈，发生卡涩引起机构故障；电气元件如继电器和按钮等容易受潮，绝缘能力降低，导致无法正常工作。

【案例说明】

某220kV变电站大修期间对＃2主变220kV主变闸刀进行操作过程中发现，电动和手动均无法分闸。对闸刀减速机构进行解体发现，减速机构密封面未涂抹防水胶，密封不良，减速机构内部传动齿轮、轴承均出现严重锈蚀，三个传动轴承彻底锈死无法转动导致无法分闸，如图2-22所示。

图2-22　闸刀减速机构锈蚀

2.3.7 户外设备的箱体应选用不锈钢、铸铝或具有防腐措施的材料，应具有防潮、防腐、防小动物进入等功能

【条款解析】

隔离开关大多运行在户外，小动物会在机构箱内或隔离开关、接地开关传动部位等处筑巢，导致接触不良、运动卡涩等问题。

【案例说明】

某220kV变电站对110kV副母及线路检修期间，在依次打开隔离开关操作机构箱进行检查时，发现有线路接地开关操作机构箱内有蜜蜂筑巢，如图2-23所示。该类型手动装置的箱体底部存在小孔，蜜蜂等小动物可通过该孔进入机构箱内。当进入箱体内部筑巢的小动物数量达到一定程度后，极易引起机构卡涩、无法操作和误发位置信号等缺陷。

图2-23 接地开关操作机构箱内蜜蜂筑巢

2.3.8 垂直连杆应无扭曲变形

【条款解析】

隔离开关操作时由于动静触头间夹紧力过大、积污严重或人员操作不到位，可能造成隔离开关传动部分受到冲击较大，导致垂直连杆扭曲变形。

【案例说明】

某220kV变电站#2主变110kV正母隔离开关倒闸操作过程中出现合不到位情况，该隔离开关垂直连杆分为上下两部分，且通过螺栓压紧连接，随着运行中传动部位润滑条件的劣化，隔离开关操作阻力也会增大，当隔离开关操作的阻力大于上下节垂直连杆间的最大静摩擦力时，上下节垂直连杆就会跑位，从而引起隔离开关合闸不

到位。

2.3.9 隔离开关防止自动分闸功能正常

【条款解析】

隔离开关应采用驱动拐臂或主拐臂过“死点”并限位自锁等结构，使隔离开关可靠地保持于合闸位置。

【案例说明】

某 220kV 变电站对＃3 主变 220kV 副母隔离开关倒排操作过程中，三相隔离开关的传动主拐臂均已过死点，但 A 相隔离开关下导电臂未过死点，导致隔离开关合闸不到位，如图 2－24 所示。

图 2－24 A 相隔离开关下导电臂未过死点

2.3.10 隔离开关和接地开关的不锈钢部件禁止采用铸造件，铸铝合金传动部件禁止采用砂型铸造。隔离开关和接地开关用于传动的空心管材应有疏水通道

【条款解析】

铸造不锈钢万向轴承在运行中容易因“氢脆”等应力腐蚀问题断裂，采用砂型铸造的铝合金件内部常存在砂眼、气孔等铸造缺陷，运行中受力后可能发生脆性断裂。部分设备垂直连杆等采用封口设计，导致内部积水腐蚀或结冰胀裂。在运设备可结合大修改造逐步完善。

【案例说明】

某 220kV 变电站对 220kV 副母进行停役操作时，发现 220kV 副母＃1 接地开关无法操作，该接地开关传动机构的传动连杆端部万向节断裂（图 2－25），手动机构的合闸无法传动至接地开关触头部位，导致接地开关无法合闸。

图 2－25 万向节断裂

【知识点】 氢脆。

氢脆是溶解于金属中的氢，聚合为氢分子，造成金属内应力集中，如超过金属的强度极限，在金属内部形成细小的裂纹的现象。

不锈钢在铸造过程中，由于外部和内部温度降低速率差异，使得铸件表面的显微组织和内部显微组织不一致。为保证质量，目前的铸造工艺为使钢从奥氏体化温度开始淬火冷却，再使钢回火产生所需要的显微组织。但钢对淬火速度的反应随成分不同有较大差异，部分组织转变为马氏体不锈钢，在极端情况下，甚至可能达到50%以上的转化率。而马氏体不锈钢因强度较高，具有氢脆敏感性，由此产生的裂纹几乎贯穿晶体内部，极易造成氢脆断裂。

2.3.11 电动、手动操作应平稳、灵活、无卡涩，电动机的转向应正确，分合闸指示应与实际位置相符，限位装置应准确可靠，辅助开关动作应正确

【条款解析】

隔离开关操作若发生卡涩，说明内部传动配合发生卡阻、电气及机械闭锁未打开等情况。操作过程中应观察电机转向正确，分合闸到位且限位装置能可靠触发，确保辅助开关有效接通，以确保设备安全可靠运行。

【案例说明】

某220kV变电站大修工作时发现，该站＃1主变110kV、220kV中性点隔离开关均存在合闸过头缺陷，经现场检查发现，造成该缺陷的原因为隔离开关合闸到位后，电机限位微动开关不会切断合闸回路，导致电机一直转动，如图2-26所示。由于该电机转动声音很小，不易察觉其电机不会切换。隔离开关合闸后，若电机仍长时间通电转动，容易发生电机烧毁故障。

图2-26　限位微动开关切换不及时

2.3.12 触头间应接触紧密，两侧的接触压力应均匀且符合产品技术文件要求，当采用插入连接时，导体插入深度应符合产品技术文件要求

【条款解析】

隔离开关动静触头间夹紧力应符合产品技术要求，隔离开关在长期户外运行后，触头积污、工况变差后阻力变大，夹紧力过大或过小易造成分合不良的情况，影响电网安全运行。

【案例说明】

某220kV变电站多把220kV线路接地开关在操作时发生不能分闸的缺陷，该型接地开关设计时动触头导电片固定螺帽采用特制螺帽，厚度较薄。而在具体生产过程中，由于成本控制原因，采用标准螺帽，厚度较厚，导致剩余间隙过小，动触头最大开距变小，合闸后夹紧力过大，如图2-27所示。而又由于接地开关长期户外运行，触头积污严重，分合操作阻力更大，造成接地开关难以分闸。

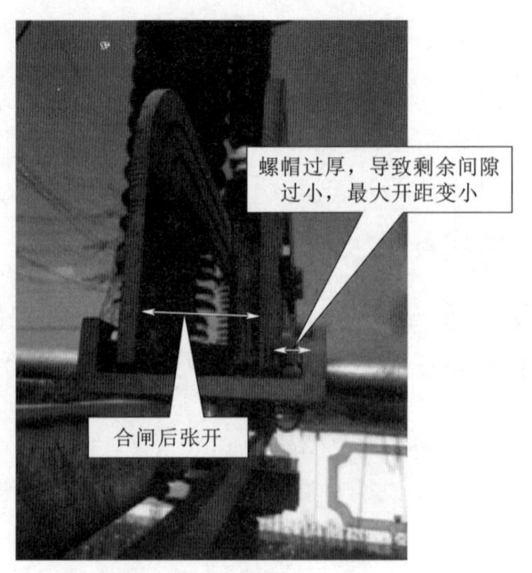

图 2-27　接地开关动触头

2.3.13　瓷件应无裂纹、破损，复合绝缘子无损伤；瓷瓶与金属法兰胶装部位应牢固密实，并应涂有性能良好的防水胶；法兰结合面应平整、无外伤或铸造砂眼；支柱瓷瓶外观不得有裂纹、损伤；支柱绝缘子元件的直线度应不大于 1.5/0.008*h*（*h* 为元件高度），每只绝缘子应有探伤合格证

【条款解析】

绝缘子是隔离开关的重要组成部件，起着支撑导体和绝缘的作用。电网中因支持绝缘子断裂引起的故障时有发生，影响面广，损失大，给电网安全运行构成极大威胁，因此防止支持绝缘子断裂事故是历年来变电检修的重点工作。

近年来，由于避雷针、母线支柱绝缘子或母线侧隔离开关支柱绝缘子、隔离开关支柱绝缘子断裂而导致变电站全停事故时有发生，造成支柱绝缘子断裂的主要原因如下：

（1）绝缘子质量问题。经检测有的绝缘子达不到所要求的强度，有的绝缘子上下法兰或法兰与瓷件不同心，有的法兰与瓷件间的连接不牢固。

（2）安装、检修、运行质量有问题。特别是隔离开关支柱绝缘子在动、静触头调整不当时，操作时可能会使支柱绝缘子受力增大而造成断裂。

此外，在北方地区，一年中温差变化较大，容易造成法兰与瓷件间的连接产生缝隙，进水导致强度下降，进而发生断裂事故。

【案例说明】

某 220kV 变电站大修期间，在对 220kV ××副母隔离开关进行 C 级检修时发现，副母隔离开关 A 相支柱瓷瓶底部伞裙处有明显裂纹，裂口最大宽度 4mm，跨越距离为 4～5 片伞裙，具有严重安全隐患，如图 2-28 所示。瓷瓶本身支持能力已基本丧失，随时可能断裂脱落，如果断裂发生在运行过程中，则很可能引发母线接地，导致母差保护动作造成220kV母线失电的严重事故，检修期间及时发现则避免了事故发生。后续注意：验收过程及日常巡视中应加强瓷瓶状况的检查，并留存记录；加强检修过程对瓷瓶健康状况的细致检查，根据需要开展瓷瓶探伤工作。

图2-28　瓷瓶裂纹现场情况

2.3.14　轴销应采用优质防腐防锈材质，且具有良好的耐磨性能，轴套应采用自润滑无油轴套，其耐磨、耐腐蚀、润滑性能与轴应匹配。万向轴承须有防尘设计

【条款解析】

隔离开关机构箱中传动部位轴销应采用防腐防锈材质，同时轴销应有良好的耐磨性能，能适应隔离开关多次分合操作不至损坏。外部轴承轴套须有适应环境要求的防尘、耐腐蚀设计，保证隔离开关可靠运行。

【案例说明】

某220kV变电站大修期间，多把220kV副母隔离开关机构箱中换向齿轮箱弹性销已发生形变，存在安全运行风险，须将其更换为实心销，如图2-29所示。

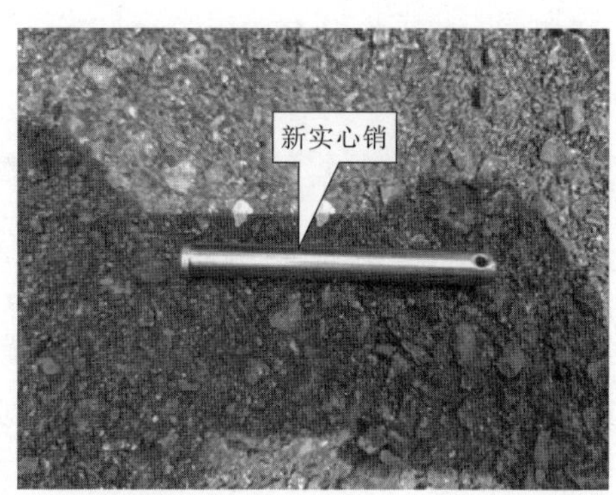

图2-29　弹性销更换前后对比

2.3.15　拐臂、连杆、传动轴、凸轮表面不应有划痕、锈蚀、变形等缺陷，材质宜为镀锌钢、不锈钢或铝合金

【条款解析】

隔离开关拐臂、连杆、传动轴、凸轮表面若有划痕、锈蚀、变形等缺陷，将使得隔离开关分合闸操作时发生卡涩等情况，影响到隔离开关的正常分合闸操作。

【案例说明】

某220kV变电站110kV副母隔离开关在合闸操作过程中发生合不到位故障，现场处理时隔离开关处于分位，隔离开关本体分闸到位，机构位置指示也处于分位，查看隔离开关传动部件，未发现有阻碍隔离开关合闸的异常情况。检查发现隔离开关机构箱上方垂直连杆抱箍存在跑位痕迹，打开该抱箍检查，发现抱箍定位螺钉在垂直连杆上已划出明显槽痕（图2-30），该隔离开关通过抱箍连接机构箱的输出轴与垂直连杆，因此垂直连杆是由抱箍带动的；随着导电臂的抬升，合闸阻力增大，当隔离开关快合闸到位时，抱箍对垂直连杆的作用力矩不足以使隔离开关继续合闸，于是引起抱箍相对于垂直连杆跑位，使得抱箍定位螺钉在垂直连杆上划出明显槽痕，隔离开关本体合不到位。

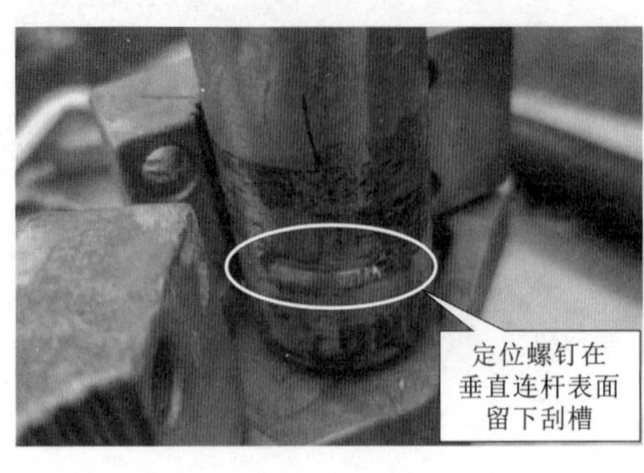

图2-30 垂直连杆处明显槽痕

2.3.16 接线端子及载流部分应清洁，且应接触良好，接线端子（或触头）镀银层无脱落，可挠连接应无折损，表面应无严重凹陷及锈蚀，设备连接端子应涂以薄层电力复合脂

【条款解析】

电气接线端子发热日益成为高压隔离开关主要的导电回路过热故障类型之一，占发热缺陷数量的14%～43%。而隔离开关接线端子安装工艺不良、载流部分未清洁或设备连接端子未均匀涂抹薄层电力复合脂都可能造成隔离开关导电回路发热，影响系统正常运行。

【案例说明】

某220kV变电站大修期间通过测量发现，多组隔离开关回路电阻过大，拆开其接线座与引线的连接后发现接触面导电膏涂抹不均匀，未能覆盖整个接触面（图2-31），隔离开关回路电阻过大将使得运行过程中隔离开关发热严重，对设备安全稳定运行造成影响。

图2-31 接触面导电膏涂抹情况

2.3.17 触头表面应平整、清洁，并涂以薄层中性凡士林

【条款解析】

隔离开关长时间在户外运行，触头表面容易

积污，此时操作分合闸容易造成卡涩，进而引起传动连杆抱箍跑位使得分合闸难以顺利操作，触头表面应平整、清洁，并涂以薄层中性凡士林，确保隔离开关分合闸流畅。

【案例说明】

某 220kV 变电站 110kV 正母＃2 接地开关操作时发现 C 相无法分闸，通过工具将接地开关动触头与静触头分开后，发现静触头上积污十分严重，致使动触头与静触头卡牢固，造成母线接地开关 C 相无法分闸。将其动静触头清洁并涂以薄层凡士林后接地开关动作正常。清理前后静触头对比如图 2－32 所示。

(a) 清理前

(b) 清理后

图 2－32　清理前后静触头对比

2.3.18　紧固螺钉和螺栓的直径应该不小于 12mm。接地连接点应标以《电气设备用图形符号　第 2 部分：图形符号》(GB/T 5465.2—2008) 规定的“保护接地”符号

【条款解析】

隔离开关垂直连杆紧固螺钉和螺栓的直径若小于 12mm，存在着设备在常规劣化条件下，垂直式隔离开关合闸操作时，在将合到位时可能由于抱箍不能提供足够的合闸力矩而发生跑位，引起隔离开关合不到位的情况。

【案例说明】

某 220kV 变电站 110kV 副母隔离开关在合闸操作过程中发生合不到位故障，检查发现隔离开关机构箱上方垂直连杆抱箍存在跑位痕迹，而该隔离开关垂直连杆及抱箍具有以下特点：①垂直连杆为镀锌钢管，表面较为光滑；②垂直连杆直径相对较小，在同等合闸力矩的情况下抱箍需提供的作用力更大；③常用的抱箍螺栓一般为 M12 螺栓，该抱箍螺栓为 M10 螺栓，能提供的抱紧力相对较低；④定位螺栓为 M8

不锈钢螺栓，强度较低；⑤定位螺栓定位方式为压紧式，定位螺栓在压紧的同时，也会减小抱箍与垂直连杆间的作用力。以西门子隔离开关的垂直连杆固定情况作为比较，如图 2－33 所示。

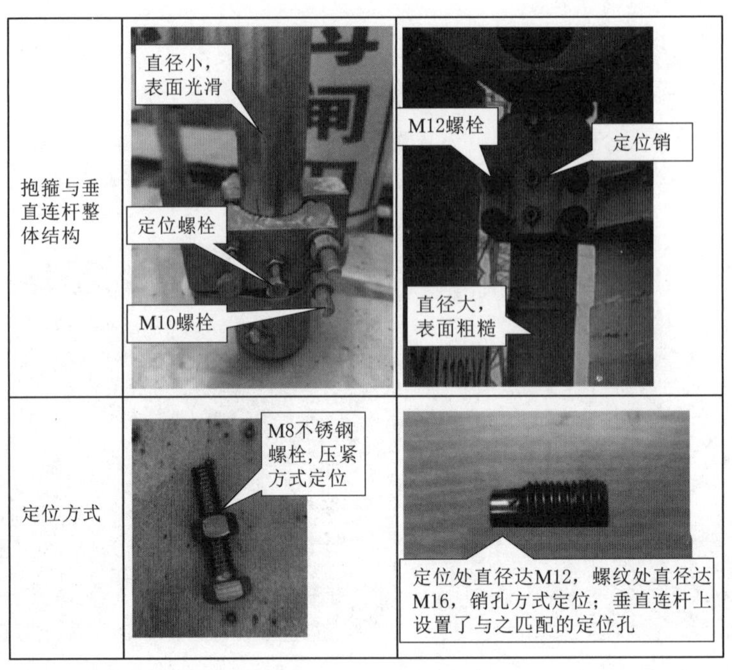

图 2－33　垂直连杆固定情况对比

2.3.19　导电部分可挠连接应无折损，接线端子（或触头）镀银层应完好

【条款解析】

隔离开关触头表面应可靠镀银，保证隔离开关通流能力良好。

【案例说明】

某 220kV 变电站＃2 主变 220kV 主变隔离开关检修作业过程中，发现＃2 主变 220kV 主变隔离开关 B 相静触头镀银层脱落现象，其生产厂家在生产该触片时质量把控不严，未对触片表面处理即进行镀银，导致镀银层与触片间附着力不高，在操作隔离开关过程中，静动触头表面摩擦，导致镀银层起皮，甚至脱落。新旧静触头触片如图 2－34 所示。

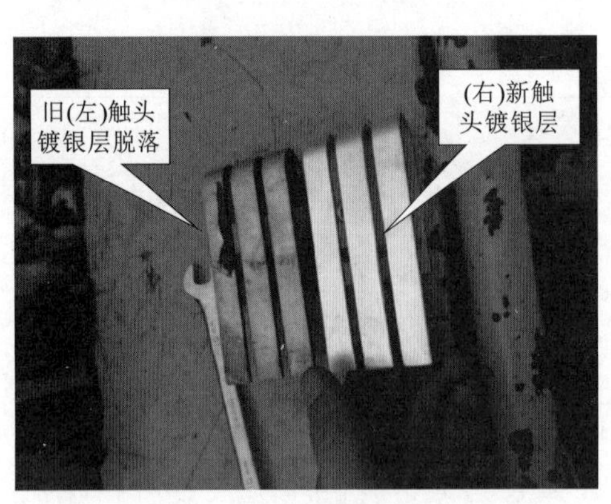

图 2－34　新旧静触头触片

2.3.20 镀银层应为银白色，呈无光泽或半光泽，不应为高光亮镀层，镀层应结晶细致、平滑、均匀、连续；表面无裂纹、起泡、脱落、缺边、掉角、毛刺、针孔、色斑、腐蚀锈斑和划伤、碰伤等缺陷

【条款解析】

触头镀银层经受分合闸操作摩擦后可能脱落、剥离，镀银层表面应无裂纹、起泡、脱落、缺边、掉角、毛刺、针孔、色斑、腐蚀锈斑和划伤、碰伤等缺陷，否则影响隔离开关的正常运行和使用寿命。

【案例说明】

某 220kV 变电站进行巡检时发现＃2 母联开关正母隔离开关异常，经停电检查发现该组正母隔离开关 B 相开关侧静触头上镀银层脱落严重，镀银层呈片状脱落且脱落面积较大，脱落部位边缘的镀银层也出现不牢固痕迹，对该组隔离开关所有静触头进行了更换处理，更换后，进行回路电阻测试，隔离开关导通良好。更换前后对比如图 2-35 所示。

(a) 更换前

(b) 更换后

图 2-35　更换前后对比

2.3.21 导电回路不同金属接触应采取镀银、搪锡等有效过渡措施

【条款解析】

隔离开关导电回路连接时，若铜制软连接的接触面直接与铝制导电座相连，违反《电气装置安装工程》(GB 50147～GB 50150)，铜与铝的搭接面在室外应用铜铝过渡片，铜端应搪锡，否则将引起电化学反应，腐蚀导体造成直阻增加。把铜和铝用简单的机械方法连接在一起，特别是在户外潮湿并含有盐分的环境中（空气中总含有一定水分和少量的可溶性无机盐类）。铜铝这对接头就相当于浸泡在电解液内的一对电极，会形成电位差。在原电池作用下，铝会很快丧失电子而被腐蚀掉，从而使电气接头慢

图2-36　接线柱腐蚀

慢松弛，造成接触电阻增大。当流过电流时，接头发热，温度升高还会引起铝本身的塑性变形，将使接头部位接触电阻增大。因此，导电回路不同金属接触应采取镀银、搪锡等有效过渡措施。

【案例说明】

某220kV变电站#3主变综合检修时发现#3主变35kV主变隔离开关软连接接线柱腐蚀严重（图2-36），进一步检查发现，该隔离开关软连接为铜材质，而接线柱为铝材质，软连接与接线柱直接接触，在电化学腐蚀作用下容易发生腐蚀，从而导致接触面腐蚀后不平整，严重者出现过热现象。

2.3.22　操作机构、传动装置、辅助开关及闭锁装置应安装牢固、动作灵活可靠、位置指示正确

【条款解析】

足够强度的机械闭锁装置是防止误分、合接地开关最重要的有效技术手段，可靠的机械闭锁包括强度的要求和配合精度的要求，这两方面任一方面不满足，都可能造成误操作事故。发生电动或手动误操作时，应能可靠闭锁，不得损坏任何元器件。对于主、地刀闭锁卡死，在检修操作过程中一旦发现此问题，不可野蛮操作，以免损坏电机。

【案例说明】

某220kV变电站检修时××副母隔离开关电动分合闸时，其合闸阻力特别大，合闸过程中电机发出异常响声，经检查为，隔离开关主、地刀间闭锁存在卡死现象，导致隔离开关难以顺畅合闸。进一步检查主、地刀闭锁杆与闭锁板，发现隔离开关的闭锁杆过长，将其长度调整后隔离开关可正常分合闸操作，且主、地刀闭锁功能正常，如图2-37所示。

图2-37　主、地刀闭锁

2.3.23　转动连接轴承座应采用全密封结构，至少应有两道密封，不允许设注油孔。轴承润滑必须采用二硫化钼锂基脂润滑剂，保证在设备周围空气温度范围内能起到良好的润滑作用，严禁使用黄油等易失效变质的润滑脂

【条款解析】

隔离开关长期户外运行，极易受到水分等因素的影响，造成转动连接部位进水受潮，长期防水性能不良，转动连接部位进水、积污、结冰，导致传动部件卡涩拒动，隔离开关无法正常动作。隔离开关转动连接轴承座应采用全密封结构，密封效果应良好，同时保证其轴承有良好的润滑效果，确保隔离开关正常动作。

【案例说明】

某220kV变电站检修时发现#1主变220kV主变隔离开关合闸位置与分闸位置均到位，但在动作过程中有异常刺耳声响，仔细检查发现是垂直连杆与拐臂连接部位在动作过程中发出异响，拆下该部位后，检查发现其内部轴承锈蚀严重且已断裂，如图2-38和图2-39所示。该设备在经过长期户外运行后，由于密封老化等原因，垂直连杆上方轴表面及轴承锈蚀，转动过程中摩擦阻力增大，而轴承与轴之间除切向作用力外，还有拐臂作用于轴的力的径向分量，同时轴承锈蚀后结构脆弱，最后造成轴承内圈断裂，导致操作过程中存在异响。

图2-38　异响部位

图2-39　轴承锈蚀情况

2.3.24　隔离开关、接地开关导电臂及底座等位置应采取能防止鸟类筑巢的结构

【条款解析】

隔离开关支持瓷瓶上方平坦，容易引鸟筑巢，鸟窝的材料比较复杂，包括一些铁丝等金属物件，一旦在高压设备处形成鸟窝，铁丝垂挂下来即会导致对瓷瓶的放

电，从而导致严重的设备事故。可以通过安装防鸟装置的阻止鸟类筑巢，未加装防鸟装置的应要求施工单位进行加装。不满足要求的设备可逐步安排检修改造。

【案例说明】

某220kV变电站巡视时发现多把110kV副母隔离开关底座上存在鸟窝，且鸟窝材质多为细铁丝，细铁丝沿着隔离开关底座边缘下垂将引起设备对地绝缘距离缩短，对设备的安全运行有着极大的隐患，如图2-40所示。

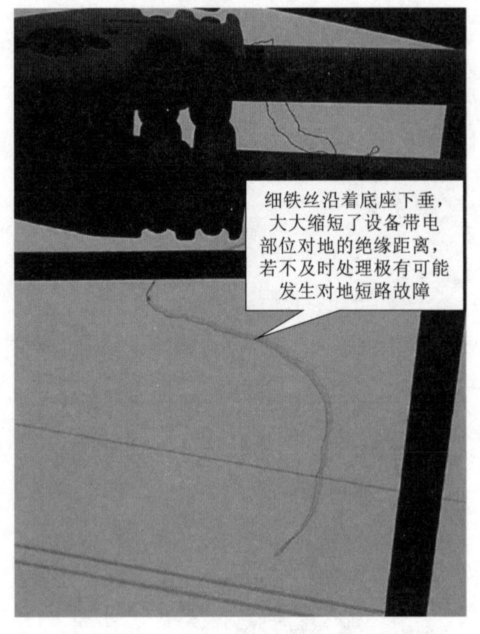

图2-40　隔离开关底座鸟窝隐患

2.3.25　安装时各部位紧固螺栓应达到相应力矩要求，安装后应进行复核，导电部分还需进行回路电阻测试

【条款解析】

螺栓未紧固可能造成接触面积不足导致接触电阻增大，极易引起设备在运行过程中产生发热现象，应根据产品设计要求对螺栓进行相应力矩紧固，检修完成后应对设备导电回路进行回路电阻测试，确保回路电阻合格，验收时应对导体连接情况逐一检查。

【案例说明】

某220kV变电站大修时发现＃2主变220kV副母隔离开关C相静触头吊环抱箍明显烧损，烧损部位为连接隔离开关静触头与吊环的抱箍，该抱箍为铝制，正常情况下并非主要通流部件，因原电流回路的接触面接触不良，导致抱箍上发生间隙放电，电弧高温将抱箍烧损，如图2-41所示。检查发现该抱箍螺栓并未紧固，吊环与抱箍存在明显间隙，接触不良，另外，该静触头另一端抱箍与吊环之间的螺栓也未紧固，徒手即可轻易旋动，具有安全运行风险。

2.3.26　在隔离开关倒闸操作过程中，应严格监视动作情况，如发现卡滞，应停止操作并进行处理，严禁强行操作

【条款解析】

隔离开关操作中发生卡滞时，如进行强行操作，可能会造成绝缘子、触头等部位异常受力，可能造成绝缘子断裂、触头脱落等，引发严重的人身伤害及母线停电事故。

图 2-41　烧损部位

第 3 章

组合电器及开关柜全过程技术监督

3.1 设计阶段

3.1.1 GIS 独立气室之间禁止采用管路连接，独立气室应安装单独的密度继电器，密度继电器表计应朝向巡视通道

【条款解析】

断路器独立气室、分箱母线独立气室相间以及相邻的母线独立气室之间禁止管路连接，各气室应安装单独密度继电器。若采用管路连接后，电弧分解物在不同相间相互污染，难以准确判断故障气室和故障性质，增大故障后气体处理量。独立气室应分别设置密度继电器并使之处于便于巡视和维护的位置。

图 3-1 隔室之间存在管路连通

【案例说明】

××变验收工作中发现 110kV 母线压变间隔独立气室之间使用串接气管（图 3-1），未设独立气体密度表。该设计一方面可能导致发生故障隔室的有害气体分解产物扩散到其他正常隔室，扩大事故范围；另一方面，该种设计不利于故障排查定位。

3.1.2 新投运 GIS 采用带金属法兰的盆式绝缘子时，应预留窗口用于特高频局部放电检测。如需采用跨接片，户外 GIS 罐体上应有专用跨接部位，禁止通过法兰螺栓直连，并且跨接片不应遮挡特高频局部放电检测窗口

【条款解析】

盆式绝缘子带金属外圈时，GIS 壳体形成全封闭的波导，内部局部放电电磁波不能向外发射，对特高频局部放电检测造成影响。在带有金属法兰（金属外圈）的盆式

绝缘子处开展特高频局部放电检测有如下情况：①浇注式盆式绝缘子带有金属外圈的，其金属外圈带有浇注口，可在该浇注口处开展特高频局部放电检测；②盆式绝缘子同时带有金属外圈和屏蔽内环的，屏蔽内环本身可作为局部放电信号的环形天线，在其引出接地位置可开展特高频局部放电检测；③装配式盆式绝缘子带有金属外圈的，可在金属外圈上单独开口作为特高频局部放电检测窗口。

对于采用金属法兰的盆式绝缘子，应预留局部放电检测窗口，盖板或堵头应采用非金属材质，避免带电检测时频繁拆卸盖板导致进水。可以利用金属法兰的导通而取消跨接线，但应经受温升、短时耐受电流和峰值耐受电流等型式试验验证。若跨接片通过法兰螺栓直接固定，户外环境受跨接片频繁热胀冷缩影响，跨接片与法兰固定部位容易出现空隙，进水结冰，导致法兰腐蚀漏气，因此要求采取跨接片接于外壳、法兰上专用安装端子或法兰专用盲孔等不会导致水分进入法兰密封面的结构。

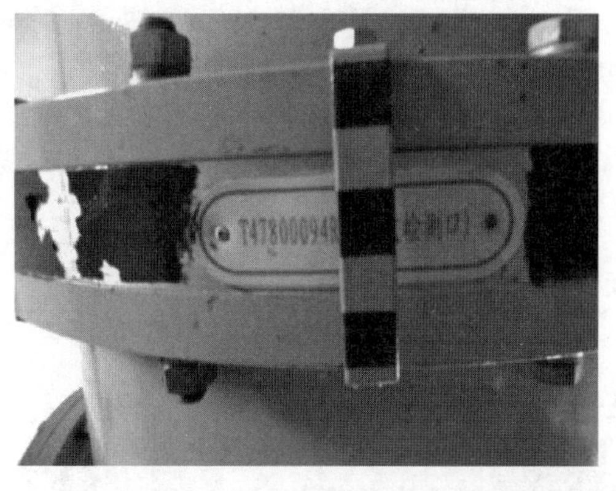

图 3-2　特高频局部放电检测窗口被跨接片挡住

【案例说明】

某站验收过程中发现用于特高频局部放电检测的窗口被跨接片挡住（图 3-2），只能将此跨接片拆除，设计阶段应对此进行提前考虑，避免此类情况发生。

3.1.3　GIS 的压力表与泄流表的高度应便于观察，不宜超过 2m

【条款解析】

GIS 的压力表与泄流表的高度不应装设太高或是未朝向巡视通道，为便于观察，需安装在容易观察的位置。

【案例说明】

××变验收过程中发现 GIS 的压力表与泄流表的高度过高，站在巡视通道中难以观察表计（图 3-3），对后续巡视、检修等工作造成不便，因此在设计阶段应对此进行提前考虑。

3.1.4　设计阶段应考虑盆式绝缘子尽量避免水平布置

【条款解析】

组合电器在运行中可能产生悬浮颗粒物、金属屑等，若盆式绝缘子水平布置，这些金属屑将会沉积在盆式绝缘子表面，从而引起放电。如图 3-4 所示，盆式绝缘子出现沿面爬电。

图3-3　GIS的压力表与泄流表的高度难以观察

因此应尽量避免盆式绝缘子水平布置，尤其是避免易沉积颗粒物凹面朝上，重点是断路器、隔离/接地开关等具有插接式运动磨损部件的气室下部，避免触头动作产生的金属屑造成运行中的组合电器设备放电。

【案例说明】

××变验收时发现大量盆式绝缘子采用水平布置（图3-5），要求整改，对工程的完成工期提出了严峻考验。

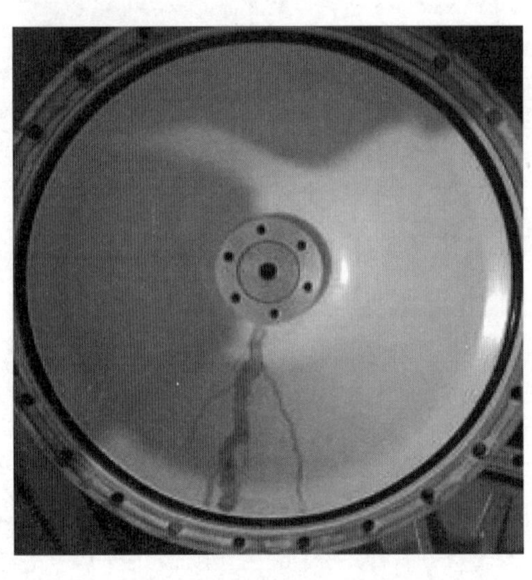

图3-4　盆式绝缘子沿面放电

图3-5　××变整改前：大量盆式绝缘子采用水平布置

3.1.5　组合电器的母线和线路的避雷器和电压互感器应设置独立的隔离断口

【条款解析】

设置独立的隔离断口主要是出于便于试验和检修的考虑。组合电器中的避雷器、电压互感器耐压水平与组合电器设备不一致，或者不能承受组合电器的交流电压试验时，如果设计时没有相应的隔离刀闸或断口，则必须在耐压试验前将其拆卸，对原部位进行一定均压处理后方可进行组合电器耐压试验，耐压试验通过后再进行避雷器和电压互感器安装，这样使得耐压试验周期变得很长，且现场处理的密封面、对接面变多，不利于组合电器内部清洁度的控制。

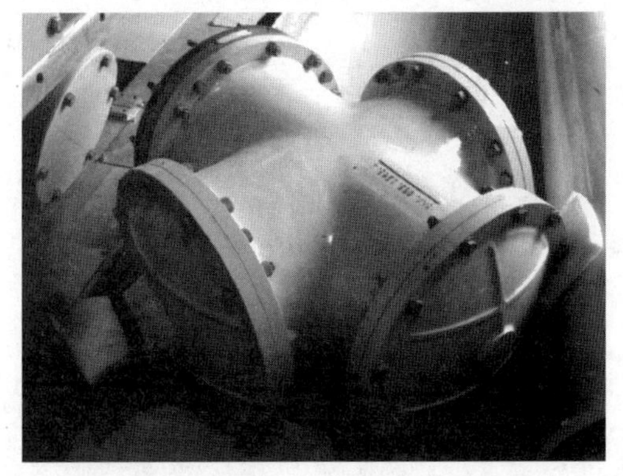

图 3-6　某站整改后：在母线与线路的避雷器与电压互感器间加装隔离断口

【案例说明】

某站在设计过程中发现母线和线路的避雷器和电压互感器之间未加装隔离断口，由于耐压水平不同，且在做耐压试验时需将避雷器和电压互感器拆卸，造成试验周期变长，在验收阶段发现已进行整改，在母线与线路的避雷器与电压互感器间加装独立的隔离断口，如图 3-6 所示。

3.1.6　大电流开关柜及两侧应装气熔胶灭火装置

【条款解析】

开关柜一旦发生火灾，由于柜与柜之间排列紧密，如不及时采取措施，易导致事故扩大化。气溶胶灭火装置（图 3-7）是一种自动灭火的消防设备，具有明显的技术优点，能够快速响应、自发启动，起到早期抑制、高效灭火的作用，已在电力行业得到广泛应用。

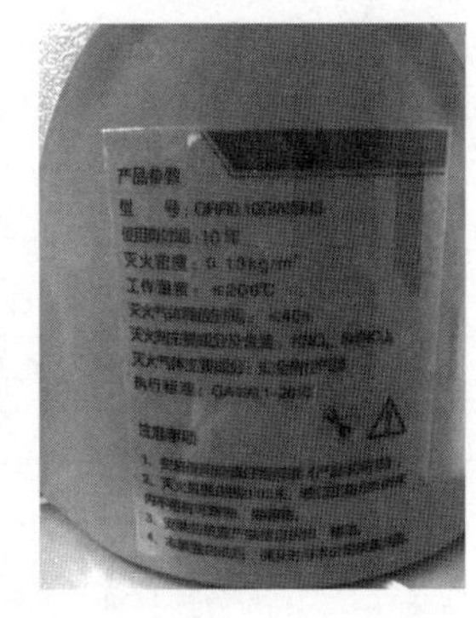

图 3-7　气溶胶灭火装置

【案例说明】

根据 2023 年输变电设备反事故技术措施工作计划，已要求对 220kV 变电站 35kV 开关柜加装气溶胶，对 110kV 变电站 10kV 大电流开关柜（主变、母分、分段隔离柜）加装气溶胶。

3.1.7 开关柜宜采用分离式的指示灯、带电显示器、温湿度控制装置

【条款解析】

近几年，高压开关柜呈现出小型化、集成化的发展趋势，状态指示器应运而生，它将位置指示灯、温湿度控制器、带电显示器集成一体，一定程度上节约了空间，如图 3－8 所示。但在设备运行后，状态指示器的故障率往往较高。图 3－9 为状态指示器故障烧毁。

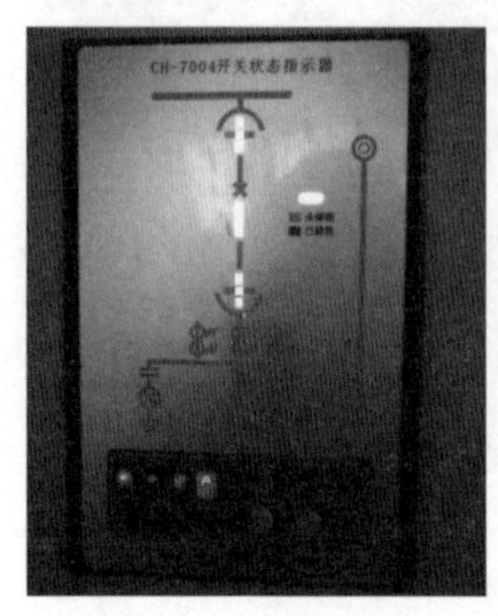

图 3－8 状态指示器集成了位置指示灯、温湿度控制器、带电显示器

图 3－9 状态指示器故障烧坏

【案例说明】

根据近年故障统计，状态指示器的故障率较高，甚至大于位置指示灯、温湿度控制器和带电显示闭锁装置的总和，其故障率统计图如图 3－10 所示。因为集成一体的状态指示器，由于构成元件较多，可靠性降低，往往一个元件损坏就需要更换整个指示器。

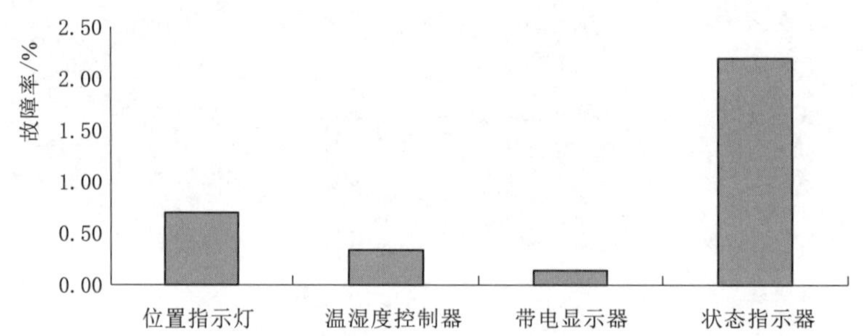

图 3－10 近年位置指示灯、温湿度控制器、带电显示器和状态指示器故障率统计图

根据计算，一个状态指示器的价格要高于位置指示灯、温湿度控制器和带电显示器的总和，表 3－1 为各类设备平均价格。

表 3-1　　位置指示灯、温湿度控制器、带电显示器和状态指示器平均价格

设备	位置指示灯	温湿度控制器	带电显示器	总和	状态指示器
平均价格	20 元×5 只	2000 元	3000 元	5100 元	10000 元

实际上开关柜仪表仓对节省空间并没有太大要求，没有必要将这些元器件高度集成起来，因此采用相互独立的位置指示灯、温湿度控制器和带电显示器，可一定程度上减少零部件故障造成的影响，并降低投运后的运行维护更换成本。

3.1.8　开关柜内避雷器、电压互感器等设备应经隔离开关（或隔离手车）与母线相连，严禁与母线直接连接。开关柜门模拟显示图必须与其内部接线一致，开关柜可触及隔室、不可触及隔室、活门和机构等关键部位在出厂时应设置明显的安全警示标识，并加以文字说明。柜内隔离活门、静触头盒固定板应采用金属材质并可靠接地，与带电部位满足空气绝缘净距离要求

【条款解析】

由于开关柜内部接线相对隐蔽，电气连接形式不规范、安全警示不明确时，可能引发人身触电事故。活门可靠接地可改善局部电场分布，消除活门静电感应效应，因此要求柜内隔离活门、静触头盒固定板采用金属材质并可靠接地，且与带电部位满足安全绝缘距离要求。

【案例说明】

避雷器、电压互感器等设备直接与母线连接事故。2010 年，某供电公司在对某变电站 10kV 母线电压互感器更换时，工作人员误碰带电的母线避雷器造成多名人员伤亡。经检查发现，由于电压互感器和避雷器同处一个隔室，而避雷器直接接在母线上（图 3-11），电压互感器经隔离手车与母线连接。隔离手车退出后，工作人员误认为电压互感器与避雷器均不带电，造成误碰带电部位。

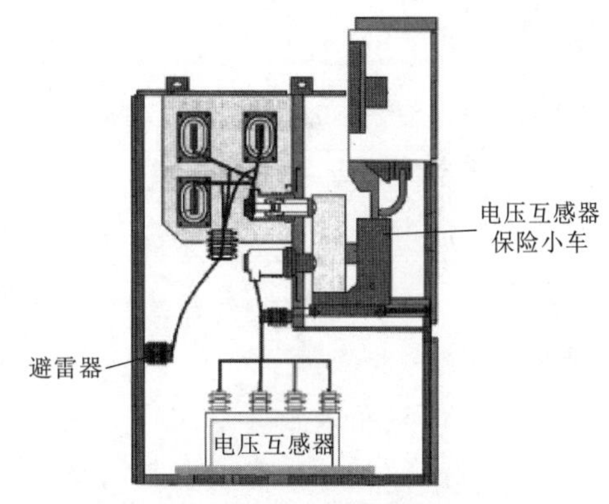

图 3-11　避雷器与母线直接连接

3.1.9　开关柜各高压隔室均应设有泄压通道或压力释放装置。当开关柜内产生内部故障电弧时，压力释放装置应能可靠打开，压力释放方向应避开巡视通道和其他设备

【条款解析】

从开关柜运行时人员和设备的安全角度出发，设计阶段提出开关柜泄压通道和压

力释放装置的要求。泄压通道和压力释放装置是防止开关柜内部电弧对运行操作人员造成伤害的重要保障，是柜体满足IAC要求的重要措施。除二次小室外，在断路器室、母线室和电缆室均设有排气通道和泄压装置，当产生内部故障电弧时，泄压通道将被自动打开，释放内部压力，压力排泄方向为无人经过区域，泄压盖板泄压侧应选用尼龙螺栓进行固定。现场应检查开关柜泄压通道或压力释放装置与型式试验照片一致。特别注意，柜顶装有封闭母线桥架的开关柜，其母线舱也应设置专用的泄压通道或压力释放装置。验收或检修时，应手动开启相关装置检查，确保开启灵活、可靠；安装各类辅助装置时，应注意不得遮挡泄压通道或影响泄压喷口方向。严禁开关柜带电状态下在泄压通道附近工作或打开泄压通道。

【案例说明】

2010年，某公司某变电站运行操作人员在开关柜附近工作，开关柜内部发生故障，故障电弧冲出开关柜前柜门，造成人员受伤。事后分析认为该型开关柜未设置压力释放通道。

3.1.10 24kV及以上开关柜内的穿柜套管、触头盒应采用双屏蔽结构，其等电位连线（均压环）应长度适中，并与母线及部件内壁可靠连接

【条款解析】

根据《交流高压开关设备技术监督导则》（国家电网企管〔2014〕890号）第5.2.3条及物资采购标准《12kV～40.5kV高压开关柜采购标准　第1部分：通用技术规范》（Q/GDW 13088.1—2014）第5.2.6条，穿柜套管、触头盒应采用均压措施。24kV及40.5kV开关柜的穿柜套管、触头盒应采用高低压屏蔽结构的均匀电场产品，不得采用无屏蔽或内壁涂半导体漆屏蔽产品；屏蔽引出线应采用复合绝缘包封，应与母线及部件内壁可靠连接，不得采用弹簧片作为等电位连接方式，防止悬浮电位造成放电。对于采用高压屏蔽的触头盒，屏蔽应设在触头盒底部，且通过屏蔽结构检测和开关柜整体的局部放电水平考核。双屏蔽结构如图3-12所示。

【案例说明】

220kV某变电站40.5kV开关柜局部放电检测信号异常，通过超声波定位，局部放电位于开关柜母线室内。停电检查发现母线室内穿柜套管均压弹簧运行中松动，造成均压弹簧与套管内壁接触不良，导致局部放电和烧蚀，如图3-13所示。

3.1.11 大电流开关柜的动、静触头应用四颗或以上螺栓固定

【条款解析】

大电流开关柜的动、静触头应用四颗或以上螺栓固定，一方面是可保证触头与母排接触的可靠性，降低接触面回路电阻值，减少大电流经过时引起的触头发热；另一

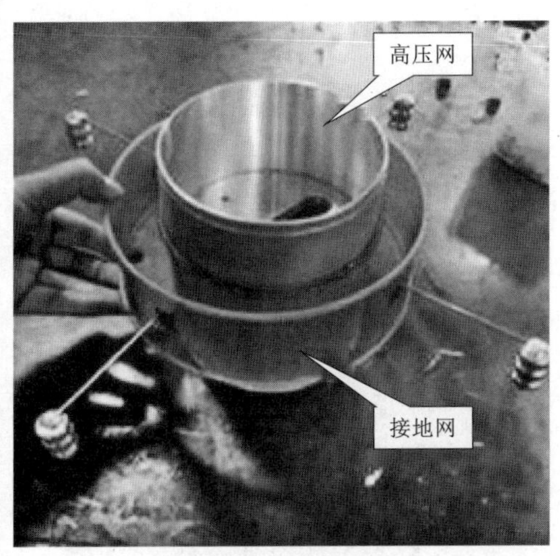

图 3-12　双屏蔽结构

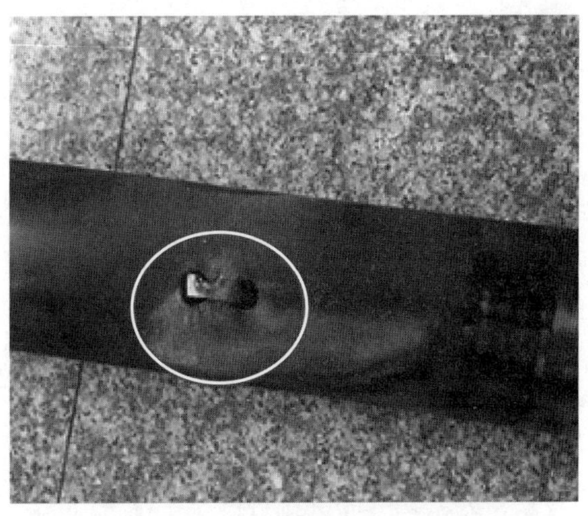

图 3-13　穿柜套管放电缺陷情况

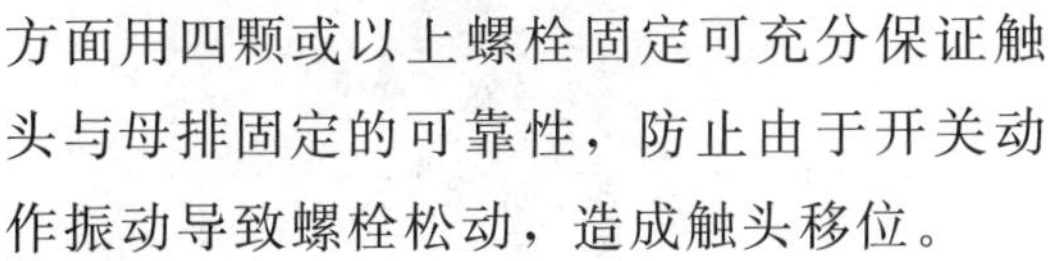

方面用四颗或以上螺栓固定可充分保证触头与母排固定的可靠性，防止由于开关动作振动导致螺栓松动，造成触头移位。

【案例说明】

如图 3-14 和图 3-15 所示，触头盒的母排上仅有一个螺丝孔，极易造成触头松动移位，接触面回路电阻增大，引起触头过热。为了避免出现上述情况，验收时要求制造厂在大电流开关柜的动、静触头安装时，采用四颗或以上螺栓固定的方式，如图 3-16 所示。

图 3-14　触头盒的母排上仅有一个螺丝孔

图 3-15　用一颗螺栓固定静触头

图 3-16　增加四颗螺栓，用五颗螺栓固定静触头

3.2 基建阶段

3.2.1 断路器、隔离开关等设备的传动环节元件除用于力的传递所运用的有效接触之外，不应与其他非传动环节部件存在摩擦接触

【条款解析】

断路器、隔离开关等设备的传动环节元件除用于力的传递所运用的有效接触之外，如果与其他非传动环节部件存在摩擦接触，会对传动环节造成影响，在安装调试时应该要注意避免。

【案例说明】

××变验收过程中发现 110kV GIS 隔离开关机构内的传动链条与铁件之间有摩擦（图 3-17），运行一定时间后可能导致链条磨损断裂的情况。

图 3-17　机构内的传动链条与铁件之间存在摩擦

3.2.2 伸缩节安装完成后，应根据生产厂家提供的“伸缩节（状态）伸缩量—环境温度”对应参数明细表等技术资料进行调整和验收

【条款解析】

GIS 伸缩节要求：

（1）应区分安装补偿伸缩节及温度补偿伸缩节，严禁使用安装补偿伸缩节代替温度补偿伸缩节。

（2）位置和数量应充分考虑安装地点的气候特点、自身热胀冷缩、安装调整、基础沉降、允许位移量和位移方向等因素。

（3）伸缩节短接采用软连接或带弧形的金属短接，并刷黄绿漆。

（4）伸缩节中的波纹管本体不允许有环向焊接头，所有焊接缝要修整平滑，伸缩节中波纹管若为多层式，纵向焊接接头应沿圆周方向均匀错开；多层波纹管端部应采用熔融焊，使端口各层熔为整体。

【案例说明】

××变验收过程发现母线伸缩节波纹管两端的螺栓没有调节间隙，如图 3-18 所

示；110kV GIS壳体跨接排未刷黄绿漆，如图3-19所示。

图3-18 母线伸缩节波纹管两端的螺栓没有调节间隙

图3-19 GIS壳体跨接排未刷黄绿漆

某变电站220kV GIS设备进行排查中发现伸缩节配置不当导致组合电器支架变形，如图3-20所示。GIS母线端头支架上端与下端偏差约2cm。

3.2.3 操作机构内加热器与相邻内部二次线之间距离不应小于5cm

【条款解析】

加热器工作时温度较高，易对周边的二次线的绝缘产生老化影响。

【案例说明】

××变安装调试过程中发现，机构箱内加热器距离相邻内部二次线过近（图3-21），容易导致二次线的绝缘老化现象，已进行整改，确保距离大于5cm。

图3-20 组合电器支架变形

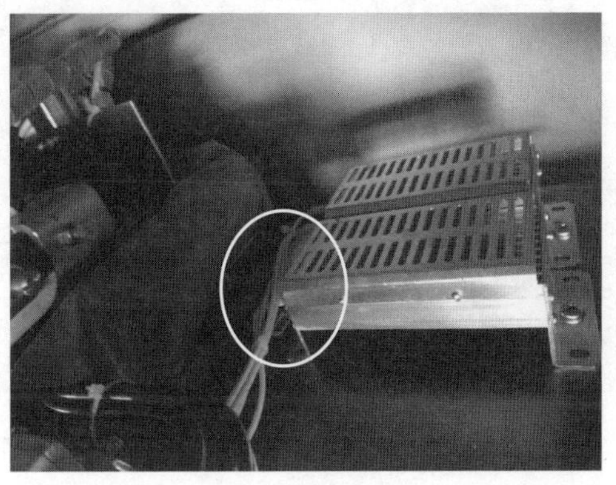

图3-21 加热器距离二次线过近

3.2.4 GIS 穿墙壳体与墙体间应采取防护措施，穿墙部位采用非腐蚀性、非导磁性材料进行封堵，墙外侧做好防水措施

【条款解析】

GIS 穿墙壳体与墙体间应采取防护措施及防止涡流发热的措施。封堵材料禁止使用水泥、石灰等材料，或者禁止该类材料直接接触壳体，否则易导致壳体腐蚀，造成漏气。

图 3-22 分支母线金属筒壁穿孔漏气

【案例说明】

某站 110kV 组合电器在安装时穿墙母线与墙体直接接触，筒体与墙体材料中的碱性氧化物或硅酸盐发生化学反应，导致金属筒壁穿孔漏气，如图 3-22 所示。

3.2.5 垂直安装的二次电缆槽盒应从底部单独支撑固定，且通风良好，水平安装的二次电缆槽盒应有低位排水措施

【条款解析】

垂直安装的槽盒，底部固定不牢固，可能摇晃造成二次接线松动；水平安装槽盒无排水通风措施时，雨水及潮气等可能沿槽盒灌入机构箱，造成二次回路短路、直流接地等现象。

【案例说明】

某 GIS 水平安装的电缆槽盒无排水措施，雨水沿槽盒和控制电缆软护管灌入隔离开关机构箱内，造成箱内积水、二次元件损坏和直流接地，如图 3-23 所示。

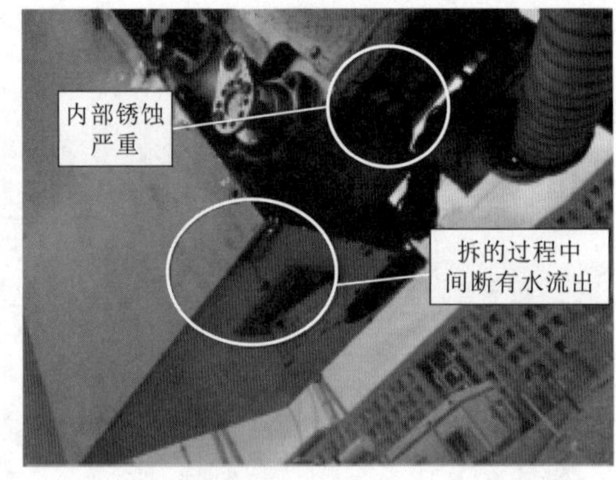

图 3-23 GIS 电缆槽盒进水导致机构箱内二次元件锈蚀损坏

3.2.6 GIS安装过程中应对导体插接情况进行检查，按插接深度标线插接到位，且回路电阻测试合格

【条款解析】

为了避免导体插接不良，制造厂应标识插接深度，同时制造厂、施工单位、监理三方人员必须同时见证母线对接等环节。安装过程中应逐点进行回路电阻测试。

【案例说明】

某新建110kV变电站GIS设备安装时，未边安装边进行逐点回路电阻测试，所有间隔安装后才测试间隔回路电阻，C相回路电阻超标，需进行整体拆装整改。

3.2.7 组合电器的盆式绝缘子应用颜色区分隔盆或通盆

【条款解析】

组合电器中盆式绝缘子有全密封式（隔盆）和孔洞式（通盆）两种，除了用于气室间的绝缘、支撑母线和各种元器件外，隔盆还用于隔离气室间气体，其区别主要是在绝缘子表面有没有设置通气的孔洞。绝缘子通盆与隔盆的结构如图3-24所示。

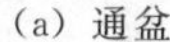

(a) 通盆

(b) 隔盆

图3-24　通盆与隔盆结构图

通盆和隔盆功能不同，在检修中必须予以区分，防止误开运行气室。盆式绝缘子用颜色区分隔盆或通盆，隔盆用红色，通盆用绿色，防止误操作。

【案例说明】

部分制造厂在出厂时未标明通盆或隔盆，如图3-25所示。验收时应要求制造厂的盆式绝缘子用颜色区分隔盆或通盆，隔盆用红色，通盆用绿色，如图3-26所示。

图 3-25　盆式绝缘子未标明通盆或隔盆

图 3-26　盆式绝缘子用红色和绿色标明通盆或隔盆

3.2.8　密度继电器应装设在与组合电器气室处于同一运行环境温度的位置

【条款解析】

《国家电网有限公司十八项电网重大反事故措施（修订版）》规定："密度继电器应装设在与被监测气室处于同一运行环境温度的位置。对于严寒地区的设备，其密度继电器应满足环境温度在－40～－25℃时准确度不低于 2.5 级的要求。"

密度继电器是组合电器不可缺少的重要附件，其基本作用是对运行中的组合电器的 SF_6 气体密封状况、是否存在漏气现象进行监视，它能够在气体密度降低时发出告警，或在密度继续下降后闭锁控制回路，因此密度继电器的指示和动作精确性要求非常高。

若密度继电器与被监测气室处于不同运行环境温度下，会有以下影响：

（1）密度继电器的气体密封状况监视功能得不到保障。通常在密闭情况下，SF_6 气体的压力随温度变化而变化，而密度继电器的温度补偿功能保证其始终显示气温 20℃时的刻度值，确保巡视时及时发现并确认组合电器气室发生漏气或气密性出现变化的情况。若密度继电器与组合电器气室处于不同运行环境温度下时，温度补偿功能将失去意义，无法保证准确监视组合电器气体密封状况。

（2）密度继电器的控制和保护功能得不到保障。密度继电器除了监视组合电器气体密封状况外，还能在气体密度发生变化时发出告警信号。若密度继电器与被组合电器气室处于不同运行环境温度下时，密度继电器会发生温度过补偿或欠补偿情况，造成密度指示不准确，无法正确告警和闭锁，容易发生误拒动的情况。

图 3-27　正确安装位置：密度继电器与本体同环境

因此在竣工验收时发现组合电器不满足该项条款时，应要求厂家进行整改，保证密度继电器装设在与组合电器气室处于同一运行环境温度的位置，如图 3-27 所示。

【案例说明】

部分制造厂将密度继电器安装在带有加热器的汇控柜或机构箱内，导致密度继电器与被监测气室处于不同环境温度下运行。密度继电器与组合电器气室装设在不同运行环境温度的位置将在投运后产生严重隐患。

3.2.9 组合电器的密度继电器应满足不拆卸校验的要求

【条款解析】

组合电器密度继电器与设备本体之间的连接方式应满足不拆卸校验密度继电器的要求，“不拆卸校验密度继电器”的含义即为不需要将密度继电器从组合电器上拆除，便可校验密度继电器的指示和动作功能。《国家电网有限公司十八项电网重大反事故措施（修订版）》规定：“密度继电器与开关设备本体之间的连接方式应满足不拆卸校验密度继电器的要求。”

在组合电器中，SF_6 气体是组合电器的灭弧和绝缘介质，气体密度不会随温度变化，是保证组合电器能够正常工作的重要参数，若气体密度因故降低，将会导致组合电器绝缘、灭弧性能下降，无法熄灭电弧，严重时甚至发生爆炸，因此实时监控组合电器 SF_6 气体密度十分重要。监控 SF_6 气体密度依靠密度继电器，它能够直接反映组合电器本体内部 SF_6 气体的密度，并通过接入信号和控制回路，在气体密度降低时发出告警，或闭锁控制回路，因此密度继电器的指示和动作精确性要求非常高，密度继电器功能校验必须作为一项常规工作来开展。

密度继电器的功能校验需要校验密度继电器在指定低密度下的动作情况，但因为密度继电器工作时与本体相连，若仅为了校验密度继电器功能而将组合电器本体整个气体系统的气体密度降低，成本过大，因此必须要有能够仅校验密度继电器而不影响组合电器本体气体密度的手段。

【案例说明】

部分组合电器制造厂的 SF_6 密度继电器与组合电器设备本体之间直接相连，或采用其他连接方式但不满足不拆卸校验密度继电器的要求。设备竣工验收时若发现密度继电器不具备不拆卸校验功能，应要求厂家加装三通阀或者气路开关。

密度继电器和组合电器本体的连接方法主要有三种。第一种是密度继电器直接连接在组合电器本体上，密度与本体始终保持相同，不影响本体直接校验密度继电器需要将密度将其拆卸下来进行。第二种、第三种均在密度继电器与本体之间接入一个“三通阀”，第二种结构的三通阀除了连接本体与密度继电器外，还提供一个带有逆止功能的充气/校验气管接口，正常运行时三通阀仅连通密度继电器和组合电器，接入充气接头时，三通阀连通密度继电器和组合电器本体及气管接口，能够为组合电器充气，接入校验接头时，三通阀仅连通密度继电器与气管接口，不连通组合电器本体，因此能够在不影响组合电器本体密度的情况下校验密度继电器的功能；第三种结构的三通阀有一个开关阀门，正常运行或补气时打开，校验功能时关闭。第二种、第三种结构的三通阀如图 3-28 所示。

(a) 使用充气接口切换三通功能

(b) 使用开关阀门切换三通功能

图 3-28 组合电器、密度继电器连接方法

3.2.10 投运前组合电器的气体压力（密度）应调至额定位置

【条款解析】

投运前组合电器气体压力（密度）应调至额定位置。但基建工程中对组合电器气体压力（密度）的设置往往较为随意，不严格按额定值给组合电器充气，而是会将压力充到比额定值略高 0.01～0.02MPa。

基建工程中，由于是对新建设备第一次充气，出于测试漏气和后期取气试验等气体消耗因素的考虑，充气往往比额定值要高一些，而大多数人认为气体压力略微偏高对运行的影响并不大，因此在投运前大多并不会将充得略高的气体压力放到额定值，但实际上气体压力充得比额定值高存在以下弊端：

（1）压力过高会影响组合电器运行。组合电器气室是按照额定压力和设计温度来设计的，例如某组合电器设计最高使用环境温度为 50℃，20℃额定压力 0.7MPa，最高运行压力 0.8MPa，若在 20℃下设备充气压力为 0.72MPa，超出额定压力 0.02MPa，则环境温度达到 50℃时，实际压力将达到 0.79MPa，接近工作最高压力 0.8MPa，不利于组合电器的运行。

（2）随意设置充气压力不利于监控气体泄漏率。通过巡视可以计算气体的年泄漏率，从而体现气室的密封水平，若气体压力设置过高，在巡视时难以第一时间发现气体下降。

因此需要在投运前将组合电器气体压力调整至额定压力。

【案例说明】

如验收时发现基建单位不严格按额定值给组合电器充气，应在投运前将组合电器气体压力调整至额定压力，如图 3－29 和图 3－30 所示。

图 3－29　超过额定压力

图 3－30　调整到额定压力

3.2.11　组合电器单气室长度设计应合理

【条款解析】

252kV 及以下设备单个气室长度应不超过 15m。《国家电网有限公司十八项电网重大反事故措施（修订版）》规定：“GIS 最大气室的气体处理时间不超过 8h。252kV 及以下设备单个气室长度不超过 15m，且单个主母线气室对应间隔不超过 3 个。”

组合电器气室的划分需要考虑后期检修，综合考虑故障后维修、处理气体的便捷性以及故障气体的扩散范围，将设备结构参量及气体总处理时间共同作为划分气室的重要因素，提高检修效率。

在以往的检修中，就发生过因为气室设计不合理导致的检修困难，气室太大导致气体回收、抽真空、充气速度慢，大大增加检修必要的停电时间，影响电网的运行可靠性。并且由于气室太大，增加了检漏的难度，漏气点难以判断。

因此《国家电网有限公司十八项电网重大反事故措施（修订版）》规定：“GIS 气室应划分合理”，并满足以下要求：

（1）GIS 最大气室的气体处理时间不超过 8h。252kV 及以下设备单个气室长度不超过 15m，且单个主母线气室对应间隔不超过 3 个。

（2）双母线结构的 GIS，同一间隔的不同母线隔离开关应各自设置独立隔室。252kV 及以上 GIS 母线隔离开关禁止采用与母线共隔室的设计结构。

（3）三相分箱的 GIS 母线及断路器气室，禁止采用管路连接。独立气室应安装单独的密度继电器，密度继电器表计应朝向巡视通道。

【案例说明】

部分基建工程在设计时未充分考虑气室长度问题，气室长度超过 15m，如图 3－31

所示。验收时应仔细检查，特别是母线气室，确保组合电器单气室长度不超过 15m，如图 3－32 所示。

图 3－31　单母线气室太长，超过 15m

图 3－32　增加隔盆，将母线分隔为若干个气室

3.2.12　压力释放装置喷口设置应合理

【条款解析】

压力释放装置（防爆膜）喷口应有明显的标识，不应朝向巡视通道，同时喷口处还应避免在运行中积水、结冰、误碰。《国家电网有限公司十八项电网重大反事故措施（修订版）》规定："装配前应检查并确认防爆膜是否受外力损伤，装配时应保证防爆膜泄压方向正确、定位准确，防爆膜泄压挡板的结构和方向应避免在运行中积水、结冰、误碰。防爆膜喷口不应朝向巡视通道。"

组合电器的压力释放装置起到保护作用。当设备内部发生故障时，内部电弧使 SF_6 气体迅速分解，罐体内部的压力急剧增加，此时若无压力释放装置，罐体可能发生爆炸。压力释放装置开启，可以保护罐体不受损坏。

压力释放装置的泄压喷口实质上是整个罐体的薄弱环节，在压力增高时将压力定向释放，因此压力释放装置的喷口不能朝向可能有人经过的巡视通道，并应有鲜明的标识指示人员不可在其旁边长时间逗留。

【案例说明】

图 3－33　压力释放装置喷口朝下安装

部分制造厂的压力释放装置喷口无标识，喷口朝向巡视通道或朝上导致容易积水，应改为图 3－33 所示的方式。同时压力释放装置喷口处较为薄弱，需要保护，应避免积水结冰。

在验收时应检查压力释放装置喷口应有明显的标识，不应朝向巡视通道，同时喷口处还应避免在运行中积水、结冰、误碰。

3.2.13　组合电器的吸附剂罩结构设计应合理

【条款解析】

吸附剂罩结构应设计合理，避免吸附剂颗粒脱落，材质应选用不锈钢或其他高强度材料。《国家电网有限公司十八项电网重大反事故措施（修订版）》规定："吸附剂罩的材质应选用不锈钢或其他高强度材料，结构应设计合理，吸附剂应选用不易粉化的材料并装于专用袋中，绑扎牢固。"

断路器中吸附剂脱落会导致断路器内部放电。若断路器吸附剂罩设计不合理，只能起到挡板作用，不能有效地将吸附剂包装袋完全防护在内，吸附剂颗粒可能脱落掉入罐体内部，引起电场畸变，进而发展成短路故障，因此《国家电网有限公司十八项电网重大反事故措施（修订版）》规定："吸附剂罩的材质应选用不锈钢或其他高强度材料，结构应设计合理，吸附剂应选用不易粉化的材料并装于专用袋中，绑扎牢固"，依据运行经验，对吸附剂罩材质及安装方式提出要求，避免吸附剂掉落罐体引起放电故障。

【案例说明】

部分制造厂的吸附剂罩设计不合理，容易脱落，如图 3-34 所示。应要求制造厂合理选用吸附剂罩的材质，选用不锈钢或其他高强度材料，结构应设计合理，吸附剂应选用不易粉化的材料并装于专用袋中，绑扎牢固，如图 3-35 所示。

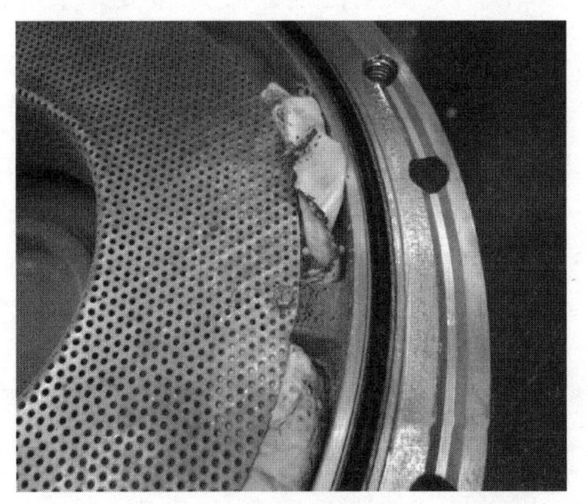

图 3-34　吸附剂罩安装不当，吸附剂颗粒容易掉入罐体

图 3-35　吸附剂罩安装可靠

3.2.14　组合电器本体接地应符合要求

【条款解析】

组合电器本体应多点接地，接地排要求直接连接到地网，压变、避雷器、快速接

地开关要求采用专用接地线直接连接到地网，不得通过气室外壳接地，外壳法兰片要求设置跨接线，并保证良好通路，电压互感器“N”端接地应单独引出与主网接地，线径不小于 $10mm^2$。

组合电器接地是指针对组合电器配电装置的主回路、辅助回路、设备构架以及所有的金属部分进行接地。组合电器配电装置接地点较多，一般设置接地母线，将组合电器的接地线与接地母线连接，接地母线与接地网多点连接。接地母线一般采用铜排，截面应满足动、热稳定的要求。

外壳的可靠接地是变电站工作人员人身安全及电力系统正常运行的重要保障，非全连式外壳一点接地，外壳受相邻磁场作用产生的涡流，只能屏蔽部分相邻磁场，电磁感应的作用在外壳上产生较高的感应电压，钢构架产生涡流损耗使钢构架发热，并且会对控制系统产生较大的电磁耦合干扰。全连式外壳多点接地使三相外壳在电气上形成一闭合回路，当导体通过电流时，在外壳上感应出与导体电流大小相当、方向相反的环流，可使外部磁场几乎为零。因而，组合电器的外壳接地广泛采用全连式外壳多点接地。

【案例说明】

部分工程中，组合电器本体单点接地，接地排未直接连接到地网，压变、避雷器、快速接地开关未采用专用接地线直接连接到地网，外壳法兰片未设置跨接线，电压互感器“N”端接地未单独引出与主网接地。

验收时应对上述问题提出整改要求：组合电器本体应多点接地，接地排要求直接连接到地网，压变、避雷器、快速接地开关要求采用专用接地线直接连接到地网，不得通过气室外壳接地，外壳法兰片要求设置跨接线，并保证良好通路，电压互感器“N”端接地应单独引出与主网接地，线径不小于 $10mm^2$。

3.2.15 同一间隔内多台隔离开关电机电源应设置独立开断设备

【条款解析】

同一间隔内多台隔离开关电机电源应设置独立开断设备，例如，同一个间隔的母线隔离开关、线路隔离开关、线路接地开关、开关母线侧接地开关等的电机电源空开应该分开设置。

同一间隔内多台隔离开关电机电源应设置独立开断设备出于以下考虑：

（1）减小故障影响考虑。一台隔离开关故障短路后跳开空开，同间隔内的其他隔离开关应不受影响，能够操作，若共用一个空开，一台隔离开关断路后整个间隔内的其他隔离开关也不能操作，扩大了故障的影响。

（2）检修中防误操作安全考虑。停电检修中，同间隔的所有隔离开关不同时停役，而组合电器的接线方式不直观，在检修停电隔离开关时容易误操作运行隔离开关。如果将电机电源分开设置，在检修中就可以将运行隔离开关的电机电源断开，降低了误操作的可能性。

综上所述，同一间隔内多台隔离开关电机电源应分别设置独立开断设备，采用点对点供电。

【案例说明】

部分制造厂同个间隔内的隔离开关共用一个电源空开，如图 3－36 所示。验收时应提出要求，确保同一间隔内多台隔离开关电机电源设置独立开断设备，如图 3－37 所示。

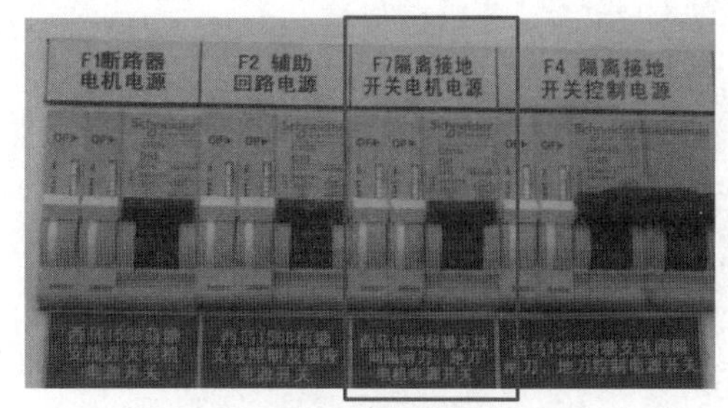

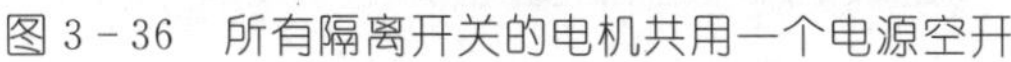
图 3－36　所有隔离开关的电机共用一个电源空开

图 3－37　每个隔离开关用设置独立空开

3.2.16　组合电器的盆式绝缘子应预留特高频局部放电检测窗口

【案例说明】

组合电器的盆式绝缘子应预留窗口，窗口应避开二次电缆及金属线槽，便于特高频局部放电检测。《国家电网有限公司十八项电网重大反事故措施（修订版）》规定："新投运 GIS 采用带金属法兰的盆式绝缘子时，应预留窗口用于特高频局部放电检测。"

组合电器故障少，但一旦发生故障后果非常严重，其检修时间长且繁杂，稍有不慎容易导致检修质量问题。因此，对组合电器设备状态进行监测及检修具有相当重要和迫切的需求。

局部放电特高频检测技术是一种检测并诊断组合电器状态的重要手段，其可以发现组合电器内部的多种绝缘缺陷，具有检测灵敏度高和抗干扰能力强等特点，非常适合在变电站和发电厂现场条件下对组合电器进行监测。特高频检测技术通过检测局部放电辐射电磁波信号来实现对设备局部放电的检测，抗干扰能力强，检测灵敏度高，因此在输变电设备局部放电在线检测领域取得了广泛应用。

但目前大多数绝缘组合电器设备上未安装内置式特高频传感器，只能采用外置式传感器进行检测，由于组合电器绝缘子外表面被金属法兰包裹，导致普通外置式特高频传感器很难检测到其内部的局部放电信号，为了解决这一问题，一般利用金属法兰在制造时遗留的孔洞，在孔洞处使用外置式特高频传感器来进行检测。为了防止检测口漏水漏气，一般在检测口上增加一块盖板并用防水胶进行封堵，需要检测时再打开。

【案例说明】

部分制造厂的盆式绝缘子未预留特高频局部放电检测窗口，或虽然预留了窗口但是窗口被二次电缆及金属线槽挡住，不利于特高频局部放电检测。验收时应要求厂家在制造盆式绝缘子时预留特高频局部放电检测窗口，并且窗口应避开二次电缆及金属线槽。

图3－38为在盆式绝缘子上预留特高频局部放电检测窗口。

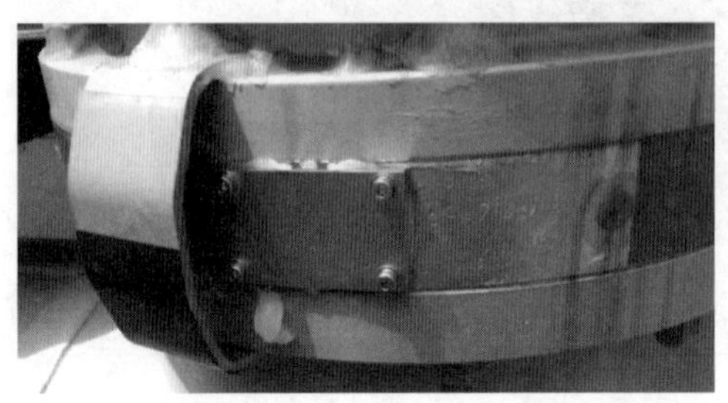
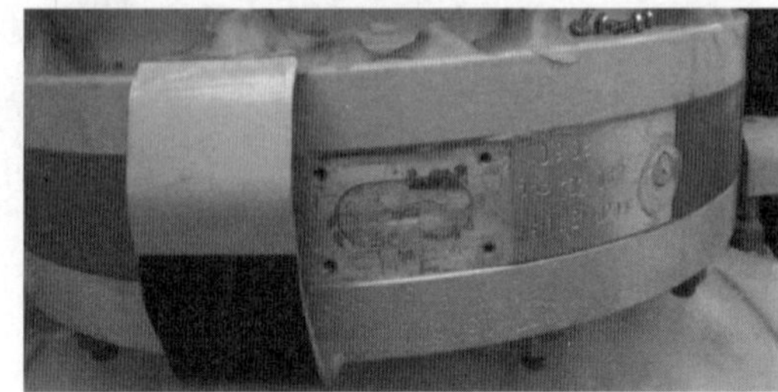

图3－38　盆式绝缘子上预留的特高频局部放电检测窗口

3.2.17　220kV及以上电压等级组合电器应加装内置局部放电传感器

【条款解析】

220kV及以上电压等级组合电器应加装内置局部放电传感器。《变电站设备验收规范　第3部分：组合电器》（Q/GDW 11651.3—2016）规定："220kV及以上电压等级组合电器应加装内置局部放电传感器。"

随着对组合电器可靠性要求的提高和带电检测技术的进步，通过组合电器内置传感器进行运行中带电局部放电测量能够有效、及时地发现组合电器内部的缺陷，防止绝缘事故的发生，而且内置局部放电传感器能够大大提高检测灵敏度。

如图3－39所示，外置传感器需置于组合电器罐体外，只能监测到穿透盆式绝缘子的特高频信号，信号穿过盆式绝缘子后将有一定的衰减，对监测的准确度产生了影响。而内置传感器安装在罐体内部，能够直接接收所有特高频信号，因此准确度更高。

【案例说明】

在验收时应确认组合电器已加装内置局部放电传感器，保证特高频局部放电检测的便捷性和准确性。

图3－40所示为典型的内置局部放电传感器。

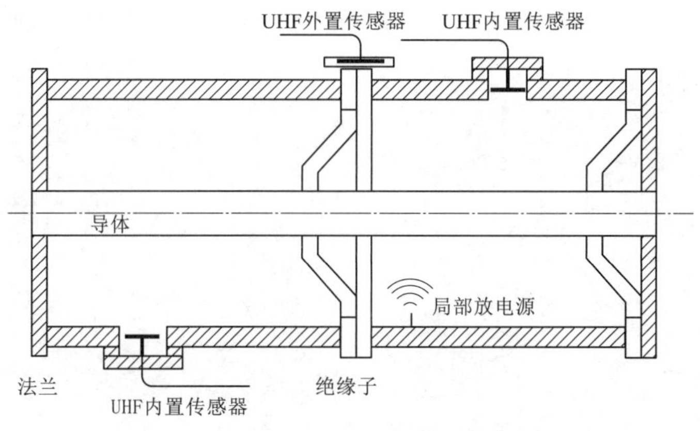

图 3-39　组合电器特高频传感器安装示意图

图 3-40　典型的内置局部放电传感器

3.2.18　组合电器的分合闸、储能等指示应采用中文标识，接地开关引出端应有明显的相位标识

【条款解析】

组合电器的断路器、隔离开关、接地开关的分合闸、储能等指示应采用中文标识，部分制造厂仅仅采用符号表示，或采用外文标识，不利于观察巡视。

组合电器投入市场的时间并不长，部分制造厂的分合闸、储能等指示无中文指示，分合闸指示采用中文更加直观，仅仅采用符号或使用外文增加了人为判断设备状态的难度，容易判断错误，尤其是断路器储能指示，用弹簧的拉伸/压缩表示是否储能，但不同型号的断路器储能方式不同，有的断路器采用压缩弹簧储能，有的断路器采用拉伸弹簧储能，这就为判断弹簧是否储能带来了不利因素。

接地开关引出端应有明显的相位标识。部分制造厂的接地开关引出端无相位标识，检修、试验时难以判断引出接地端的相序，造成工作的被动。

【案例说明】

在验收时应进行检查，确保断路器、隔离开关、接地开关的分合闸、储能等指示采用中文标识，接地开关引出端应有明显的相位标识。处理前后如图3-41和图3-42所示。

图3-41　组合电器分合闸指示未使用中文

图3-42　组合电器分合闸指示使用中文

3.2.19　组合电器的控制开关和分合闸位置指示灯应分开设置

【条款解析】

组合电器中，断路器、隔离开关、接地开关的控制开关和分合闸位置指示灯应分开设置。

部分组合电器的分合闸位置指示灯集成在控制开关上，将多种设备集成为一体，若一个部件损坏，需要更换整体，将增加设备的故障率，提高更换工作的成本，而今电网设备的可靠性要求日益提高，需要切实降低设备的故障率。

指示灯长时间通电，故障率高，而控制开关故障率低，将指示灯与控制开关集成后，故障率就是二者的集成，指示灯故障就需要更换控制开关，而更换控制开关需要涉及控制回路，容易发生误操作，风险极大。因此应将控制开关和分合闸位置指示灯分开设置，可一定程度上减少零部件故障造成的影响、降低更换工作的风险，并减少更换成本。

【案例说明】

验收时应检查确认组合电器的控制开关和分合闸位置指示灯分开设置。

3.2.20　开关柜柜内避雷器安装时应注意避雷器底部三角板固定螺栓对地绝缘强度

【条款解析】

开关柜安装调试过程中，避免把避雷器底部直接接地，如不满足要求，可用绝缘胶带将避雷器底板的固定螺栓包住，或者在避雷器底板三个角上的支撑螺栓上增加垫片，以避免避雷器底部直接接地，使避雷器泄漏电流在线监测表计失去作用。

【案例说明】

2019年4月11日，220kV××变电所大修期间，检修人员在35kV开关室内发现××开关柜柜内避雷器底部三角板固定螺栓对地绝缘不足，易引起避雷器底部直接接地，使避雷器泄漏电流在线监测表计失去作用。

开关柜型号：KYN－40.5/1250－04G。

避雷器型号：HY10WZ－51/134。

投运时间：2010 年。

如图 3－43 所示，避雷器底部的三角板起到固定支撑作用，三角板与避雷器通过避雷器底部的螺栓连接固定，三角板与支撑架通过三角板三个角上的螺栓与橡皮垫固定，三角板应对地绝缘，避雷器泄漏电流在线监测的表计引线也是从三角板上引出。

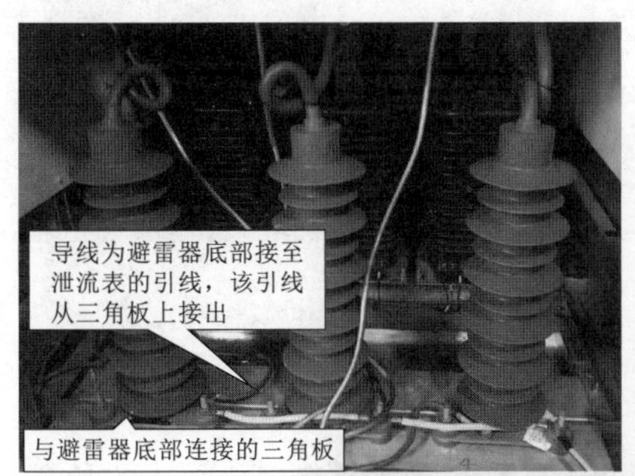

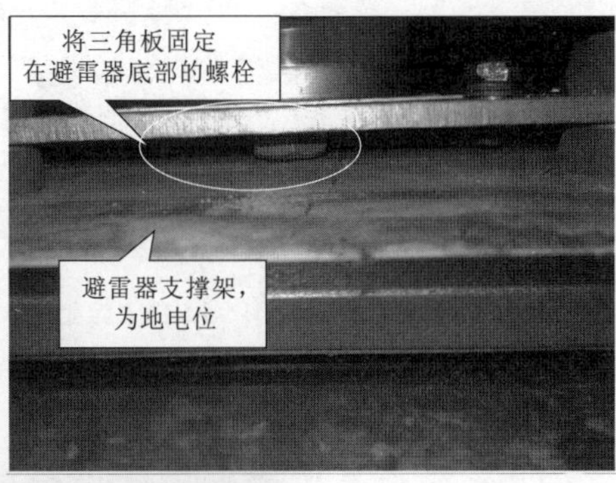

图 3－43　柜内避雷器安装情况

现场发现××开关柜内避雷器底板螺栓近似直接接触避雷器支撑架，测得 C 相底板对地电阻仅有 9.6Ω（图 3－44），相当于将泄流表短路，设备运行时将无法监测到泄漏电流。

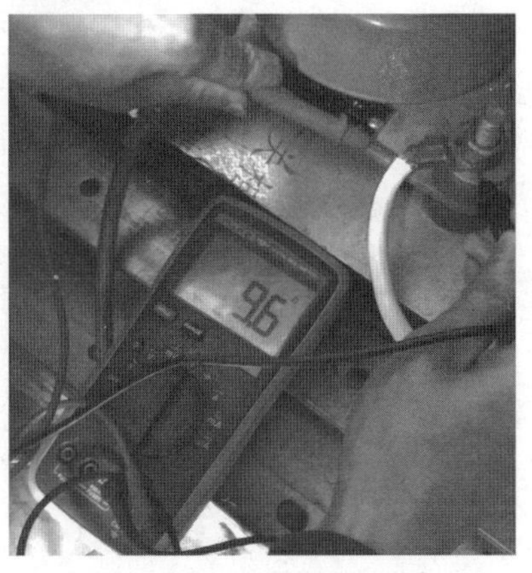

图 3－44　××开关柜内避雷器 C 相底板对地电阻测量

现场采取两条措施进行处理：一是用绝缘胶带将避雷器底板的固定螺栓包住，增加绝缘性能，如图 3－45 所示；二是在避雷器底板三个角上的支撑螺栓上增加垫片，同时注意不要将支撑螺栓紧固太紧，若太紧的话橡皮垫压缩过多，又会缩短三角板与支撑架的距离。处理后的情况如

图 3－46 所示。

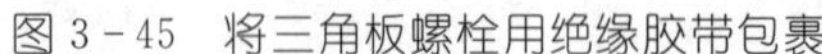

图 3－45　将三角板螺栓用绝缘胶带包裹

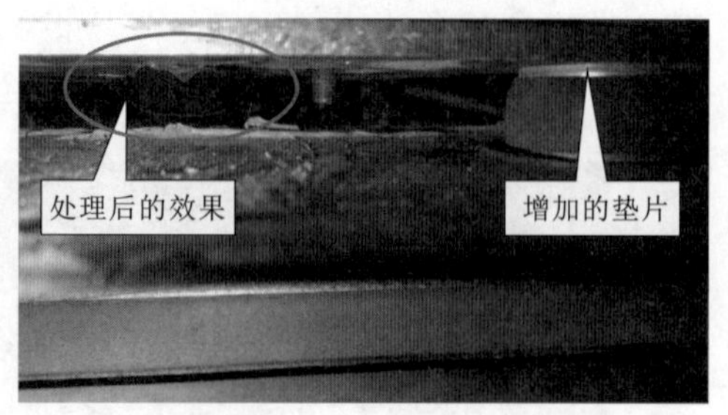

图 3－46　处理后的情况

3.2.21　开关柜各高压隔室均应设有泄压通道或压力释放装置。当开关柜内产生内部故障电弧时，压力释放装置应能可靠打开，压力释放方向应避开巡视通道和其他设备

【条款解析】

从开关柜运行时人员和设备的安全角度出发，设计阶段应提出开关柜泄压通道和压力释放装置的要求。泄压通道和压力释放装置是防止开关柜内部电弧对运行操作人员造成伤害的重要保障，是柜体满足 IAC 要求的重要措施。除二次小室外，在断路器室、母线室和电缆室均应设有排气通道和泄压装置，当产生内部故障电弧时，泄压通道将被自动打开，释放内部压力，压力排泄方向为无人经过区域，泄压盖板泄压侧应选用尼龙螺栓进行固定。现场应检查开关柜泄压通道或压力释放装置与型式试验照片一致。特别注意，柜顶装有封闭母线桥架的开关柜，其母线舱也应设置专用的泄压通道或压力释放装置。验收或检修时，应手动开启相关装置检查，确保开启灵活、可靠；安装各类辅助装置时，应注意不得遮挡泄压通道或影响泄压喷口方向。严禁开关柜带电状态下在泄压通道附近工作或打开泄压通道。

【案例说明】

未设置压力释放通道造成人员受伤。2010 年，某公司某变电站运行操作人员在开关柜附近工作，开关柜内部发生故障，故障电弧冲出开关柜前柜门，造成人员受伤。事后分析认为该型开关柜未设置压力释放通道。

3.2.22 开关柜门模拟显示图必须与其内部接线一致，开关柜可触及隔室、不可触及隔室、活门和机构等关键部位在出厂时应设置明显的安全警示标识，并加以文字说明

【条款解析】

主要提出开关柜模拟显示图、设计图纸和实际接线的一致性要求，防止错误的开关柜模拟显示图、设计图纸误导运维检修人员，引发开关柜人身伤亡事故。

【案例说明】

××变 10kV 开关柜验收时，发现部分开关柜内结构图错误，如 10kV♯1 主变隔离 2 柜内应有 10kVⅡ段母线穿过，但图上未画出，如图 3-47 所示。

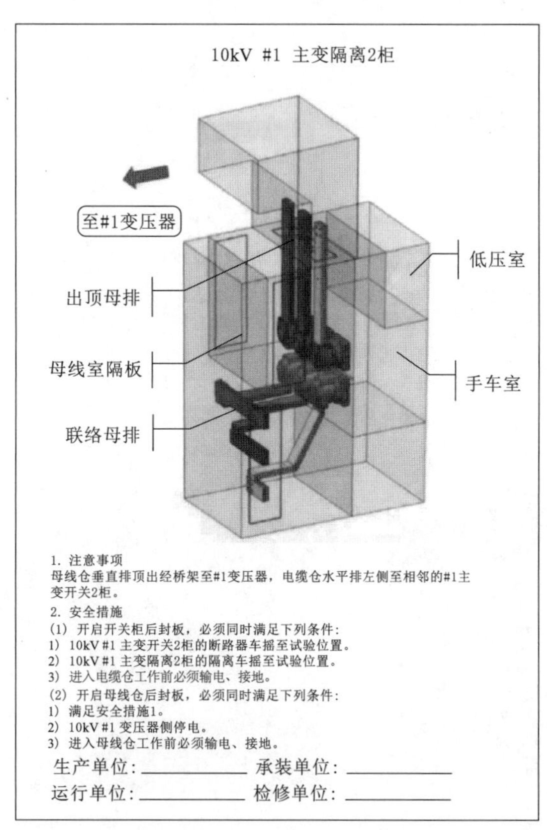

图 3-47　模拟接线图的数量与接线方式与实际不一致

3.2.23 柜内母线、电缆端子等不应使用单螺栓连接。导体安装时螺栓可靠紧固，力矩符合要求

【条款解析】

单螺栓连接可能存在以下风险：压接面积不足导致接触电阻增大；运行中的振动、抖动、冲击负荷等各种不利影响可能造成螺栓松动引起接触电阻增大；电缆端子连接处

受应力较大，单螺栓连接的抗剪切力和滑动系数不能满足运行要求。为保证柜内导体连接可靠性，不应使用单螺栓连接。验收时应对导体连接情况逐一检查，重点检查母线接头部位、电缆端子、静触头固定连接情况。

【案例说明】

某变电所 10kV 开关柜验收时，发现大电流开关柜静触头采用单螺栓固定方式（图 3－48），容易松动，从而造成接触电阻过大，导致过热，甚至可能发生开关柜安全隐患。

3.2.24 手车开关，摇进摇出顺畅到位，无卡涩，二次切换位置正常，且活门开启关闭顺畅、无卡涩，并涂抹二硫化钼锂基脂

【条款解析】

在安装调试时确保对开关柜的所有开关手车及轨道进行检查，确保手车开关摇进摇出顺畅，确保活门挡板能够可靠开启关闭，保证作业人员的安全。

【案例说明】

2017 年 4 月，220kV××变大修时发现开关柜曾发生多次手车开关拉不开问题，作业人员在对 35kV 开关柜进行检修的过程中，分析了小车进出卡涩的原因。现场发现开关柜内静触头活门挡板普遍发生弯曲，严重者无法打开，致使小车拉不开。

经过观察发现活门挡板发生明显变形，与触头盒发生接触，若变形继续加剧，活门挡板在移动时将会被触头盒卡住，如图 3－49 所示，活门挡板卡住，通过连杆，将小车卡住，使小车无法拉出。

图 3－48　静触头采用单螺栓固定

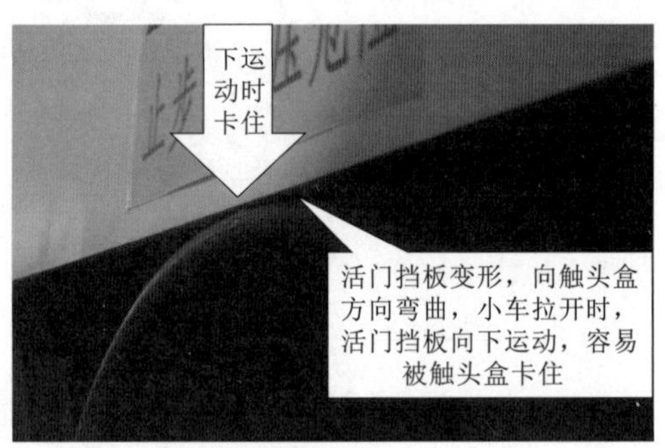

图 3－49　触头盒与活门挡板卡住的部位

3.2.25 开关柜内外包绝缘套的母排应设置接地线挂接位置，三相位置应错开

【条款解析】

开关柜母排挂接接地线的位置应去除绝缘套，且三相位置应错开。

开关柜母排通常采用外包绝缘套的方式对母排表面进行绝缘处理。当母线停电检

修时，需要在母线上挂接接地线作为安全措施，因此需在外包绝缘套的母排上预留出可以挂接接地线的位置。同时为防止运行时该位置裸露，或有异物触碰导致相间绝缘不足，要求三相位置错开布置，以尽可能增大该部位相间直线距离。

【案例说明】

部分施工单位安装母排后未预留出接地线挂接位置，或三相位置未错开。在验收时若发现以上情况，应按运行需求在母排热缩套上割出挂接接地线的位置，并用可移动的绝缘套包好，位置布置上下略有错开，如图 3-50 所示。

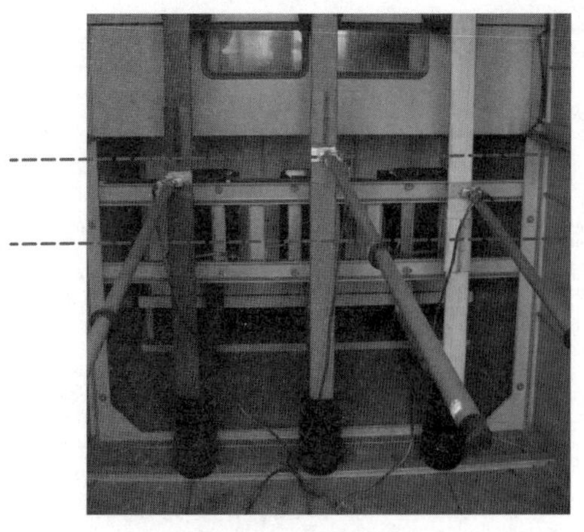

图 3-50　接地线挂接位置布置上下略有错开

3.2.26　10kV 母排应整体热缩

【条款解析】

由于裸母排存在一定的安全隐患，因此对于 10kV 母排应进行整体热缩。热缩可有效防止酸、碱、盐等化学物质对母排造成腐蚀，防止老鼠、蛇等小动物进入开关柜引起短路故障以及检修人员误入带电间隙造成意外伤害，同时可以增加母排相间、相对地间绝缘强度，适应开关柜小型化的发展趋势。采用不同颜色的热缩套管热缩母排，可以直接通过颜色判断母排的相别，减少接错的可能。

【案例说明】

部分开关柜制造厂未对母排进行热缩或热缩范围不满足要求。验收时如发现 10kV 母排未进行整体热缩（图 3-51），应要求制造厂补充热缩（图 3-52）。

图 3-51　母排未热缩

图 3-52　母排整体热缩

3.2.27 开关柜内套管高压屏蔽层与母排的连接应采用软导线及螺栓固定

【条款解析】

开关柜内套管高压屏蔽层与母排的连接应采用软导线及螺栓固定。《国家电网有限公司十八项电网重大反事故措施（修订版）》规定："24kV 及以上开关柜内的穿柜套管、触头盒应采用双屏蔽结构，其等电位连线（均压环）应长度适中，并与母线及部件内壁可靠连接。"

开关柜的穿柜套管和触头盒要求采用具备均压措施的元件，套管高压屏蔽层与母排的连接应采用软导线及螺栓固定，禁止采用弹簧片接触的安装方式。采用弹簧片作为等电位连接方式，是依靠弹簧片本身的弹力来保证套管与母排连接的可靠性，随着运行时间的增加，弹簧片弹性下降，易发生形变，导致原接触部位产生间隙，难以维持母排与套管的可靠连接，造成放电。采用软导线及螺栓连接套管高压屏蔽层与母排，随着运行时间增加，螺栓连接仍然较为可靠，可避免此类问题。

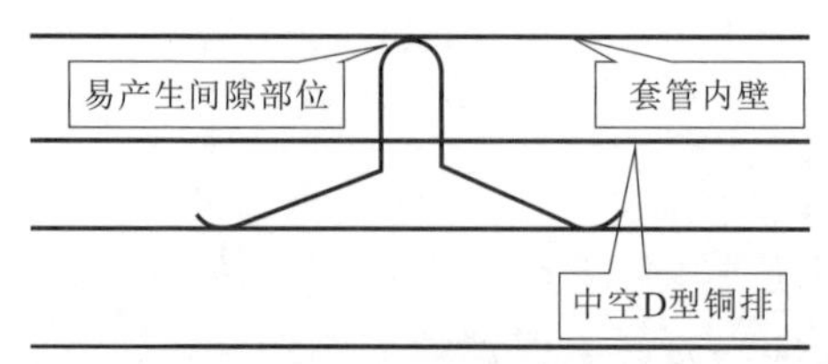

图 3-53　均压弹簧工作原理

【案例说明】

部分制造厂开关柜内的套管高压屏蔽层与母排的连接未采用软导线及螺栓固定，而采用弹簧片接触的安装方式。图 3-53、图 3-54 为均压弹簧工作原理和放电案例。

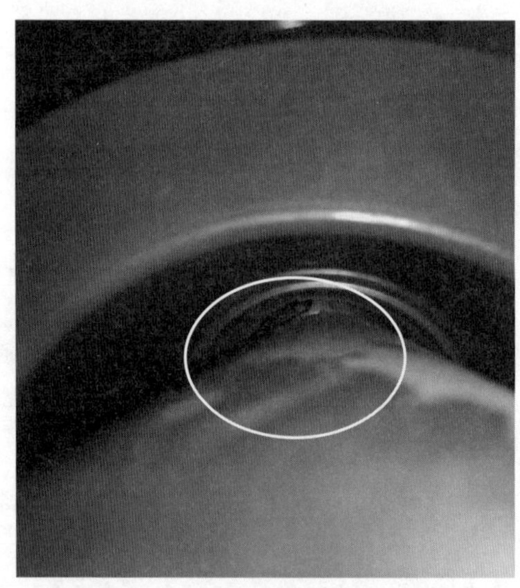

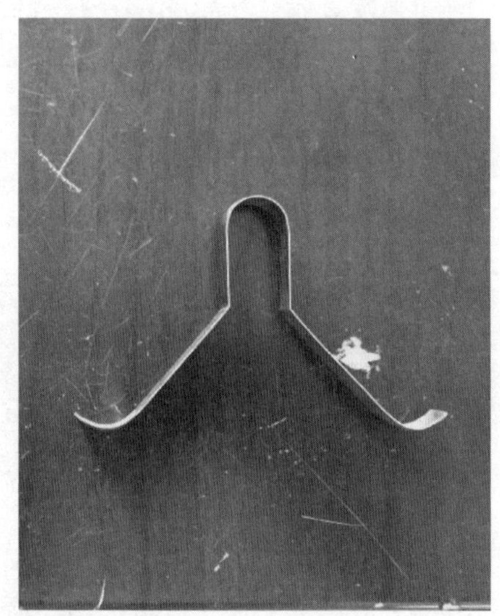

图 3-54　套管与均压弹簧发生放电案例

在验收时应检查确认套管高压屏蔽层与母排的连接用软导线及螺栓固定，如图 3-55 所示。

3.2.28 开关柜内矩形母线应倒角且倒角不小于 R5

【条款解析】

开关柜内矩形母线末端应采用圆弧形倒角，但部分开关柜制造厂未对矩形母线末端进行倒角或倒角小于 R5。《交流高压开关设备技术监督导则》（Q/GDW 11074—2013）要求："柜内导体末端应采用圆弧形倒角。"矩形母线末端位置若不进行倒角，通电后电场场强较为集中，易形成电场畸变，导致局部放电。

【案例说明】

图 3-56 矩形母线末端已进行倒角处理，通过一定程度的倒角后可有效改善电场分布，避免局部电场太集中，增大间隙击穿电压。

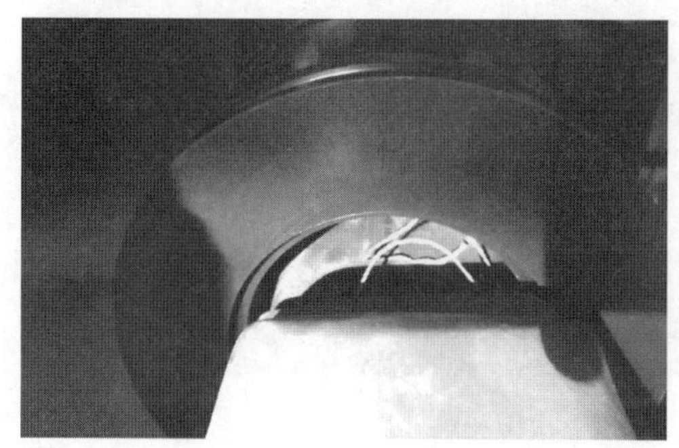

图 3-55 采用软导线连接母排与套管高压屏蔽层

图 3-56 矩形母线末端倒角

验收时若发现开关柜矩形母线未倒角或倒角不符合要求（图 3-57），应要求制造厂按此规定整改，对矩形母线进行倒角且倒角不小于 R5（图 3-58）。

图 3-57 未倒角

图 3-58 倒角后

3.2.29 开关柜内母线穿柜套管安装板需用低磁材料，防止涡流过热

【条款解析】

开关柜内穿柜套管安装板需用低磁材料。穿柜套管是柜与柜之间母排连接的重要

连接部分，当电流通过母排时，会在穿柜套管安装板上感应出磁场，并产生涡流损耗，涡流损耗会随着母线工作电流增加而急剧增大，使穿柜套管板发热。

在夏季高负荷期间，这个问题尤为突出，严重影响母线的载流量和电气元件的工作性能、穿柜套管本体的正常工作、整条线路的安全运行和可靠供电，甚至危及人身安全。因此需采用低磁材料以减少穿柜套管安装板发热。

【案例说明】

部分制造厂开关柜穿柜套管安装板未采用低磁材料，导致开关柜运行后在该板上感应出涡流，引起过热。图3-59为红外检测到穿柜套管安装板过热。

图3-59　红外检测到穿柜套管安装板过热

验收时若发现穿柜套管安装板未采用低磁材料，应要求厂家整改，采用低磁材料制作的安装板，如图3-60所示。

图3-60　穿柜套管低磁安装板

3.2.30　开关柜内无论是否加装绝缘材料，均需满足空气绝缘净距离要求

【条款解析】

开关柜内无论是否加装绝缘材料，均需满足空气绝缘净距离要求。《国家电网有限公司十八项电网重大反事故措施（修订版）》规定："新安装开关柜禁止使用绝缘隔板。即使母线加装绝缘护套和热缩绝缘材料，也应满足空气绝缘净距离要求。"

高压设备为了能够达到设计的绝缘性能采取了一系列措施，保持足够的空气绝缘静距离是最基本的指标。根据试验，如果采用绝缘隔板、热缩套、加强绝缘或固体绝缘封装，能够适当降低空气绝缘净距离的要求。

但是所有的绝缘材料都是会老化的，在空气、水分和电场的作用下，绝缘材料老化后性能降低，达不到设计的绝缘性能，此时若空气绝缘净距离不足，就容易发生短路接地故障。此外，一些绝缘材料如绝缘隔板，长时间使用后会变形，产生局部放电，影响设备的正常运行。

因此，《国家电网有限公司十八项电网重大反事故措施（修订版）》规定："新安装开关柜禁止使用绝缘隔板。即使母线加装绝缘护套和热缩绝缘材料，也应满足空气绝缘净距离要求。"不同电压等级下空气绝缘净距离要求见表 3-2。

表 3-2　不同电压等级下空气绝缘净距离要求

额定电压/kV		7.2	12	24	40.5
空气绝缘净距离/mm	相间和相对地	≥100	≥125	≥180	≥300
	带电体至门	≥130	≥155	≥210	≥330

【案例说明】

部分制造厂为减小开关柜体积，降低成本，采用绝缘隔板和绝缘材料封装，以达到压缩柜内导体空气绝缘距离的目的。这样的做法将导致开关柜安装完毕后，部分导体的空气绝缘净距离不满足要求。如图 3-61 所示，母排引至避雷器的导线虽外包绝缘套，但其相间空气绝缘净距离不足，需重新制作安装该引线，增大相间、相对地空气绝缘净距离。

图 3-61　避雷器的引线用绝缘材料封装，但空气绝缘净距离不足

新安装开关柜禁止使用绝缘隔板，整改前后如图 3-62 和图 3-63 所示。

图 3-62　绝缘距离不足，使用绝缘隔板

图 3-63　拆除绝缘隔板，改用更窄的母排来扩大空气绝缘净距离

3.2.31 开关室母线桥架应安装鱼鳞板防爆窗

【条款解析】

开关室母线桥架应安装鱼鳞板防爆窗，优先对开关室进出线桥架每隔3m加装一个鱼鳞板防爆窗，防爆窗尺寸：宽度一般为50cm，长即桥架宽度；鱼鳞板蜂窝状的网孔要求小于1mm，并满足IP4X要求。

高压开关柜在电力系统中普遍应用，设备的安全性越来越受到重视，而保证人身安全则是重中之重。开关柜在长期使用过程中由于周围环境的变化、绝缘件性能的下降、误操作等各种原因会造成开关柜发生事故，其中对人身和设备危险最大的当属内部电弧故障。发生内部电弧故障时，会产生强功率、高温度的电弧，使柜内气体温度骤升，也会使绝缘材料和金属材料产生气化现象，这些现象在短时间内会造成隔室内和柜内压力骤升，如果开关柜未能及时泄压，将会导致开关柜无法承受内部压力而发生爆炸，对周围设备及工作人员造成伤害。

为此，标准对开关柜内部电弧试验提出了明确的要求，其中一条就要求开关柜验证内部电弧时不允许有碎片和单个质量60g及以上的部件飞出。

开关柜内的封闭环境使得内外热量传导不畅，目前开关柜都设有泄压装置，并且种类繁多，部分产品虽然能满足内部电弧发生时快速泄压，能保证碎片和单个质量60g及以上的部件不飞出，但其散热效果差，尤其在桥架内，因为桥架距离长，空间大，其设备散热需求很高，而随着目前电网负荷不断提高，流过桥架内母线的电流也有增大的趋势，大电流带来的热效应使得桥架的散热问题格外突出。鱼鳞板防爆窗能够在维持防爆等级的基础上增强空气流通，从而增强桥架的散热功能，是高质量开关柜必不可少的结构。

【案例说明】

部分开关室的桥架无防爆窗，或防爆窗不能满足防爆要求，安装密度不够等，存在一定的安全隐患。对开关室母线桥架未安装防爆窗口的，优先对开关室进出线桥架每隔3m加装一个鱼鳞板防爆窗，如图3－64所示。防爆窗尺寸：宽度一般为50cm，长即桥架宽度；鱼鳞蜂窝状的网孔要求小于1mm，满足IP4X要求。

图3－64 加装鱼鳞板防爆窗

3.2.32　小母线应采用阻燃电缆或加装小母线隔板

【条款解析】

开关柜小母线应采用阻燃电缆或加装小母线隔板。

开关柜柜顶小母线分为直流小母线和交流小母线，为开关柜提供测量、计量及保护装置电源。若小母线采用裸母线且未加装隔板，如有异物进入则易导致小母线短路，直流母线的短路电流电弧没有自然过零点，难以熄灭，易引起火灾事故。因此小母线应采用阻燃电缆，或在相邻母线之间加装绝缘隔板。图 3－65 为开关柜立体图和截面图。

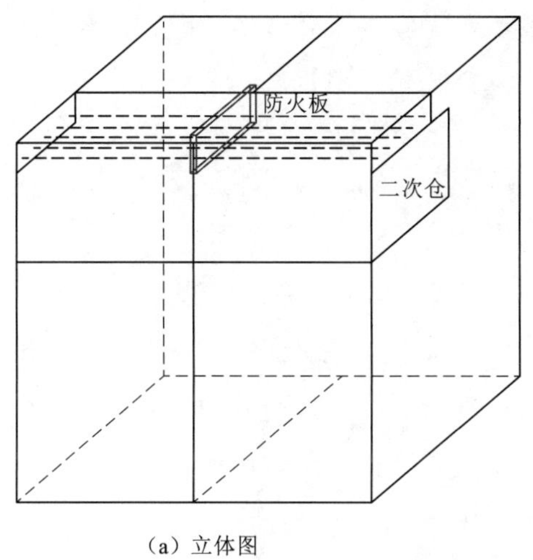

(a) 立体图

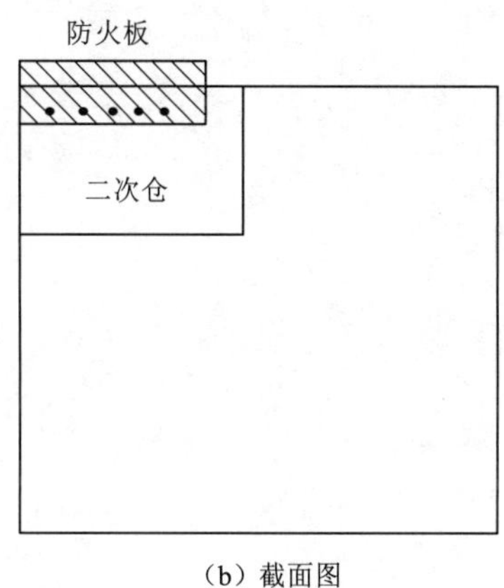

(b) 截面图

图 3－65　开关柜立体图和截面图

【案例说明】

部分制造厂开关柜小母线未采用阻燃电缆或未加小母线隔板，如小母线发生火灾，易引起事故扩大化。在验收时若发现不满足规定，应要求厂家按此规定整改，如图 3－66 所示。

3.2.33　柜内的绝缘件（如绝缘子、套管、隔板和触头盒等）应采用阻燃绝缘材料，并要求提供柜内绝缘件的老化试验报告和凝露试验报告

【条款解析】

柜内的绝缘件（如绝缘子、套管、隔板和触头盒等）应采用阻燃绝缘材料，并要求提供柜内绝缘件的老化试验报告和凝露试验报告。

开关柜内的绝缘件（如绝缘子、套管、隔板和触头盒等）严禁采用酚醛树脂、聚氯乙烯及聚碳酸酯等有机绝缘材料，应采用阻燃绝缘材料，并要求提供柜内绝缘件的

图3-66 加装小母线隔板

老化试验报告［依据《3.6kV～40.5kV交流金属封闭开关设备和控制设备》（GB 3906—2006）］和凝露试验报告［依据《高压开关设备和控制设备标准的共用技术要求》（DL/T 593—2016）］。

【案例说明】

验收时部分制造厂未提供柜内绝缘件的老化试验报告和凝露试验报告，或柜内导体绝缘护套未提供相应型式试验报告时，应要求厂家提供。

3.2.34 开关柜活门机构应有独立锁止结构

【条款解析】

开关柜活门机构应有独立锁止结构；活门机构是开关柜内部的一种部件，安装在手车室的后壁上，用以封闭开关柜内静触头，如图3-67所示。手车从试验位置移动到工作位置过程中，活门自动打开，动、静触头接合，反方向移动手车则动、静触头分离，活门关闭，从而保障了操作人员不触及带电体。当开关及线路检修时，手车拉至柜外，母线未停电，开关柜内母线侧静触头带电，则应将母线侧活门挡板上锁，防止人员误打开活门，触及带电部位。因此要求开关柜活门机构应有独立锁止结构，部分制造厂开关柜活门机构无此结构，无法上锁，增加了人员误打开活门触碰带电设备的风险。

【案例说明】

验收时若发现活门不能上锁，应要求制造厂在活门机构上增设锁止结构。活门机构独立锁止结构如图 3－68 所示。

图 3－67　活门机构

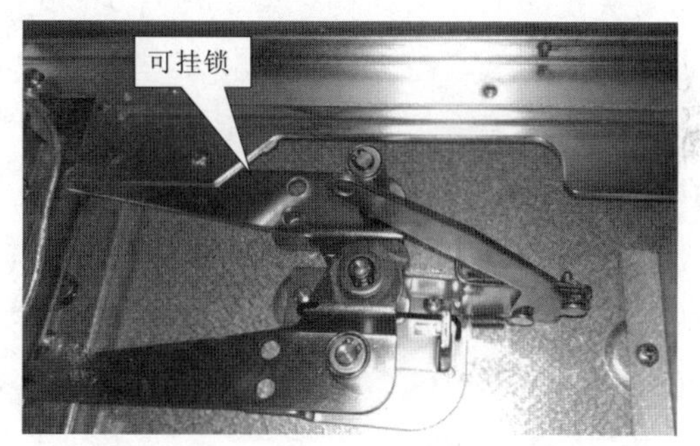

图 3－68　活门机构独立锁止结构

3.2.35　用于开合电容器组的真空断路器必须通过开合电容器组的型式试验并应提供老炼试验报告

【条款解析】

用于开合电容器组的真空断路器必须通过开合电容器组的型式试验，应满足 C2 级的要求，并应提供具有试验资质的第三方出具的断路器整体老炼试验报告。《国家电网有限公司十八项电网重大反事故措施（修订版）》规定："投切并联电容器、交流滤波器用断路器型式试验项目必须包含投切电容器组试验，断路器必须选用 C2 级断路器。真空断路器灭弧室出厂前应逐台进行老炼试验，并提供老炼试验报告；用于投切并联电容器的真空断路器出厂前应整台进行老炼试验，并提供老炼试验报告。"

7.2～40.5kV 系统中大量使用真空断路器开合电容器组，如果其真空灭弧室内有未被金属屏蔽罩复合的带电粒子或金属蒸汽残余进入触头之间，或触头表面存在加工残留的金属微粒、微观突出物、附着物等，当真空断路器开断电容器组时，若首开相断口两端达到 2.5 倍相电压，这些微粒轰击电极表面而引起金属蒸发，产生电荷迁移，引起触头间绝缘击穿（重燃）。特别是发生多相同时击穿或多次击穿时，将在电容器等设备上产生很高的过电压，对地过电压可达 5 倍以上，电容器极间过电压达 2～3 倍，对并联补偿装置和电力系统安全运行造成很大的威胁。

C1 级断路器开断容性电流时具有小概率重击穿；C2 级断路器开断容性电流时具有极小重击穿概率。用于开合电容器组的真空断路器必须通过开合电容器组的型式试验，应满足 C2 级的要求。

12kV 和 40.5kV 真空断路器的早期重燃率一般约为 1.0％和 4.0％，通过老炼试验，能够有效消除真空断路器的早期重燃，有效降低真空断路器实际运行期间的重燃率。

所谓老炼试验，就是通过一定的工艺处理，消除灭弧室内部的毛刺、金属和非金属微粒及各种污秽物，改善触头的表面状况，使真空间隙耐电强度大幅提高；还可改变触头表面的晶格结构，降低冷焊力，增加材料的韧性，使触头材料更不容易产生脱落，大大降低真空灭弧室的重燃率。因此，用于开合电容器组的真空断路器投运前必须进行高压大电流老炼试验。

【案例说明】

用于开合电容器组的真空断路器必须通过开合电容器组的型式试验，满足 C2 级的要求，并应提供具有试验资质的第三方出具的断路器整体老炼试验报告。制造厂往往未提供由具有试验资质的第三方出具的断路器整体老炼试验报告，验收时应明确要求制造厂提供该试验报告。

3.2.36 开关柜带电显示装置应为强制闭锁型的带电显示装置

【条款解析】

带电显示装置除显示设备是否带有运行电压外，还应能够在相应部位带电时强制闭锁接地开关。《国家电网有限公司十八项电网重大反事故措施（修订版）》规定："开关柜应选用 LSC2 类（具备运行连续性功能）、'五防'功能完备的产品。新投开关柜应装设具有自检功能的带电显示装置，并与接地开关（柜门）实现强制闭锁，带电显示装置应装设在仪表室。"

运行人员往往通过观察高压带电显示装置来判别设备、线路是否带电，作为打开柜门或操作接地开关的依据；目前大部分高压带电显示装置采用氖灯作为显示元件，经过长时间运行后，氖灯故障率增高，易失去指示效果；且氖灯亮度低，在特别明亮的环境里显示效果差；因此观察这类带电显示装置的闪烁情况来判断设备是否带电的方法存在严重的安全隐患，可能造成误入带电间隔、带电误合接地开关的严重安全事故。

因此，使用强制闭锁型带电显示装置，通过装置输出闭锁节点，与电磁锁连接，控制电磁锁的解闭锁，可防止由于带电显示装置氖灯故障导致的误入带电间隔或带电误合接地开关事故。

【案例说明】

部分制造厂开关柜选用的带电显示装置只有提示是否带电功能，没有闭锁功能（图 3-69）。验收时若发现开关柜不满足该条件，应强制制造厂按设计要求选用强制闭锁型带电显示装置（图 3-70）。

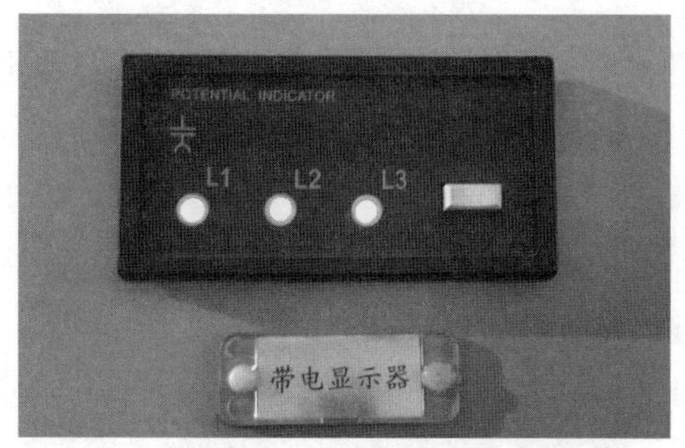

图 3-69　带电显示装置无强制闭锁功能

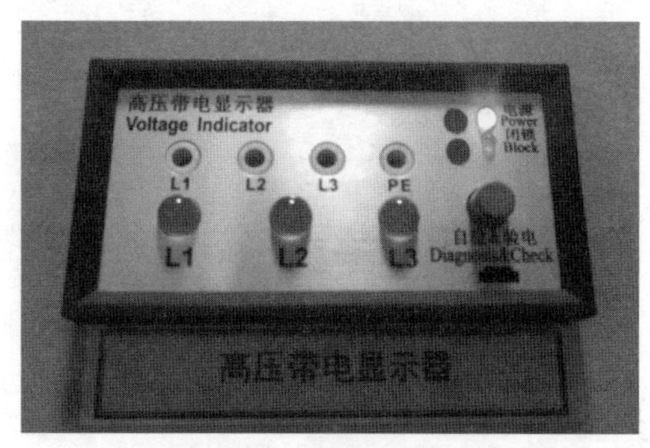

图 3-70　带电显示装置具备强制闭锁功能

3.2.37　接地开关要求两侧接地，单侧接地排截面积不小于 120mm²

【条款解析】

开关柜接地开关应两侧接地（两点接地），单侧接地排截面积不小于 120mm²。部分制造厂开关柜接地开关不满足两侧接地或接地排截面积不足。

【案例说明】

为保证接地可靠性，接地开关应两侧接地（两点接地），且单侧接地排截面积不小于 120mm²，如图 3-71 所示。在厂内验收时若发现不满足该条件，应强制制造厂按此要求整改。

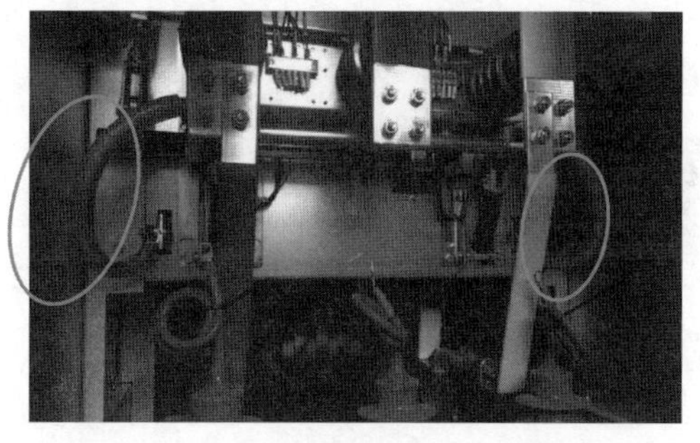

图 3-71　开关柜接地开关应两侧接地，且单侧接地排截面积不小于 120mm²

3.2.38　10kV 开关柜后柜门固定方式应采用铰链固定

【条款解析】

10kV 开关柜后柜门固定方式应采用铰链固定，以便于运行操作；部分制造厂开关柜后柜门仍采用螺丝固定。

图 3-72　采用铰链固定的后柜门

运行人员停电操作时有时打开开关柜后柜门，若后柜门仍采用螺丝固定，则需松开所有固定螺丝，才能打开后柜门，操作烦琐，工作量较大；若后柜门一侧采用铰链固定，则无须拆除全部螺丝，柜门即可打开，工作量较少。

采用螺丝固定的后柜门，在安装与拆除时都容易出现螺丝与螺孔未完全对正，螺丝难以拧动的情况，强行装拆易导致滑牙；拆下后柜门后还需将柜门搬运至其他位置，避免影响工作。采用铰链固定的后柜门则无上述缺陷，便于检修维护。

【案例说明】

在验收时若发现后柜门未采用铰链固定，应要求厂家整改，如图 3-72 所示。

3.2.39　开关柜电缆搭接处距离柜底应大于 700mm，采用双孔搭接

【条款解析】

《国家电网有限公司十八项电网重大反事故措施（修订版）》规定："柜内母线、电缆端子等不应使用单螺栓连接。导体安装时螺栓可靠紧固，力矩符合要求。""电缆连接端子距离开关柜底部应不小于 700mm。"

开关柜电缆搭接处距离柜底大于 700mm，可以保证电缆安装后伞裙部分高于柜底板，不被柜底板分开；从而保持了电缆室的密封性能，防止小动物进入造成短路故障或设备损伤。

同时为保证电缆搭接可靠，电缆搭接排不得采用单螺栓连接，而是要求采用双孔 2-Φ13、上下布置，孔边距 40mm，孔边距搭接排边缘大于 20mm。

【案例说明】

部分制造厂电缆搭接仍采用单孔连接，电缆搭接处距离开关柜底部低于 700mm，若发现电缆安装不满足该要求，应强制厂家执行此规定。

3.2.40　柜内二次线固定采用金属材料固定

【条款解析】

二次线缆固定采用带塑料保护层的专用金属扎丝，其截面积不小于 $0.5mm^2$，严

禁采用吸盘、不干胶等固定方式。但部分制造厂仍使用塑料绝缘扎带绑扎。为防止开关柜柜内二次线散落触及带电导体，需对二次线采取固定措施。

由于塑料绝缘扎带易老化，时间长运行后容易劣化脱落导致二次线失去固定，存在安全隐患，因此需采用金属材料固定二次线。

为了防止二次线失去固定，在验收时若发现制造厂仍使用塑料扎丝，应要求制造厂更换为金属扎丝。

【案例说明】

部分制造厂为节约成本，采用塑料材质的绝缘扎带进行绑扎固定，如图 3－73 所示。应要求制造厂更换为金属扎丝。

图 3－73　二次线固定采用塑料材质的绝缘扎带

3.2.41　大电流开关柜应安装排风冷却装置，柜顶风机应满足不停电更换的安装方式

【条款解析】

大电流柜应安装排风冷却装置，柜顶排风扇应满足不停电更换的安装方式。金属封闭式开关设备运行时，因柜内发热元器件比较多，温升过高会引起设备的机械性能和电气性能下降，最后导致高压电器的工作故障，甚至造成严重事故。因此必须将柜内温升控制在标准规定的允许温度内，在开关柜结构设计中，就要考虑到散热和通风的设计。对流散热是开关柜散热的主要途径，即在大电流柜的柜内、柜顶安装风机，以强制对流的方式带走柜内热量，控制柜内温升。

由于风机安装数量较多，运行时间往往较长，故障率相对较高，考虑到今后便于对故障风机进行检修，要求柜顶风机设置应满足不停电更换的安装方式，避免因风机故障导致不必要的停电。

【案例说明】

如图 3－74 所示，部分制造厂开关柜的风机安装方式不满足不停电更换的要求，导致风机故障难以带电消除，造成设备重复停电。如图 3－75 所示，风机底部通过蜂窝状隔板与开关柜隔室隔开且不影响空气流通，更换风机时只需打开风机顶部盖板，无触及开关柜内带电部分的可能，因此可以带电更换风机，如图 3－76 和图 3－77 所示。

为了避免出现不满足不停电更换风机的情况，在验收时若发现开关柜风机不满足该条件，应强制制造厂执行此规定，采取可不停电更换风机的安装方式。

图 3－74 风机拆除后无护网保护，运行中不可以拆除，不可带电更换

图 3－75 可带电更换的柜顶风机

图 3－76 风机拆除后有护网保护，防止误碰带电设备

图 3－77 加装风机控制器

3.2.42 开关手车操作孔、开关柜柜门（把手）、接地开关应有明显标志和防误操作功能

【条款解析】

开关手车操作孔、开关柜柜门（把手）、接地开关应加装挡片，具备挂机械编码

锁条件，手车操作孔、接地开关操作孔旁应有明确的标识、位置指示和操作方向指示。开关柜手车、柜门、接地开关的联锁应满足：

（1）手车在工作位置时，接地开关无法合闸。

（2）接地开关在合闸位置时，手车无法从试验位置摇至工作位置。

（3）开关柜柜门打开时，手车无法摇至工作位置。

（4）手车在工作或中间位置时，柜门无法打开。

（5）接地开关在分闸位置时，电缆室柜门无法打开。

（6）电缆室柜门打开时，接地开关无法操作。

部分制造厂开关柜的手车操作孔、接地开关操作孔旁无明确标识、位置指示和操作方向指示，导致运行人员可能误操作造成设备损坏，严重时将引发安全事故。

【案例说明】

在厂内验收时若发现不满足该条件，应要求制造厂按此规定整改，如图 3－78 所示。

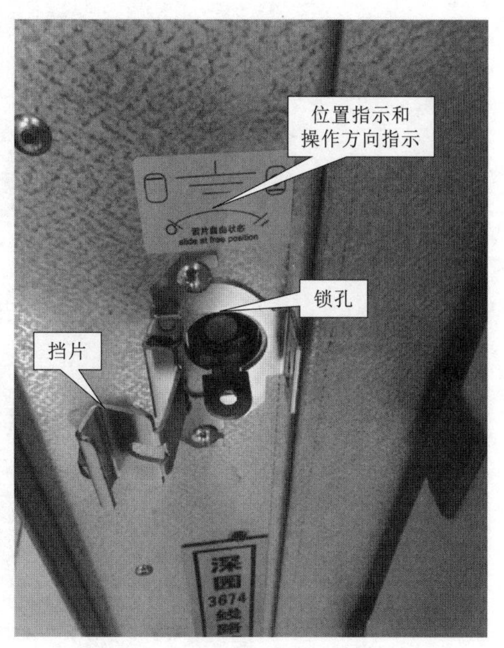

图 3－78　接地开关操作孔挡板及标识

3.2.43　非典型柜需由制造厂提供三维内部结构示意图，并粘贴于后柜门上

【条款解析】

非典型柜（如主变进线柜、压变避雷器柜、分段开关柜、分段隔离柜）需由制造厂提供三维内部结构示意图，并粘贴于后柜门上。非典型柜（如主变进线柜、压变避雷器柜、分段开关柜、分段隔离柜）内部结构与普通出线柜不同，在后柜门上粘贴内部三维结构图，一是安装时便于施工单位按照结构图正确安装母线，二是停电检修时便于工作人员判断区分停电部位与带电部位。

如果没有结构示意图，作业人员在对内部布置结构不清楚的情况下可能误开后柜门，触碰带电设备，造成人身安全事故。

为了避免作业人员误入间隔，在验收时若发现非典型柜无三维结构示意图，应要求制造厂按此规定补充。

【案例说明】

非典型柜三维示意图如图 3－79 和图 3－80 所示。

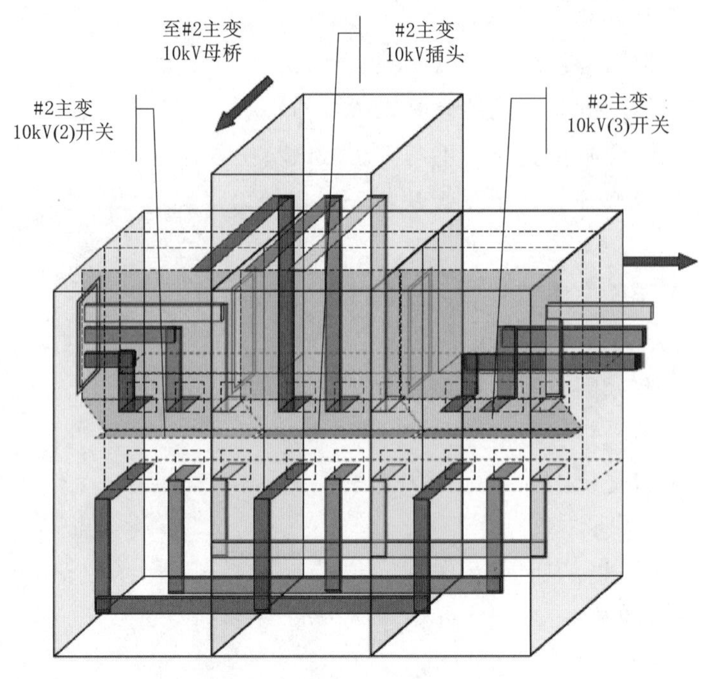

图3-79 非典型柜三维示意图

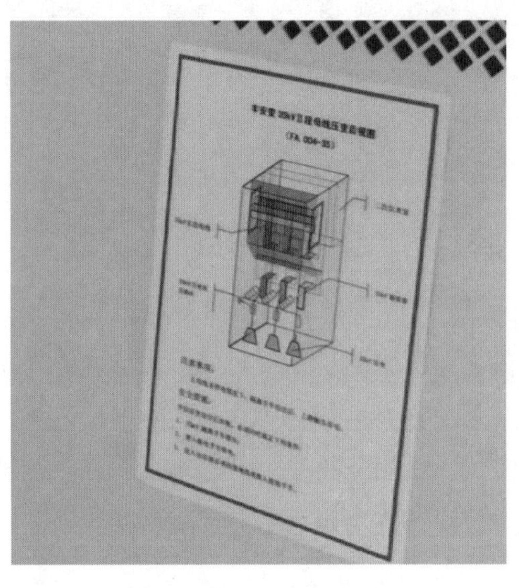

图3-80 在非典型柜后粘贴三维结构示意图

3.2.44 开关柜防误电源应独立，不与照明电源等合用开断设备

【条款解析】

开关柜防误装置需设有独立的工作电源。开关柜防误装置是确保设备和人身安全、防止误操作的重要措施，其主要功能有：

（1）防止误分、合断路器。

（2）防止带负荷分、合隔离开关。

（3）防止带电挂（合）接地线（接地开关）。

（4）防止带接地线（接地开关）合断路器（隔离开关）。

（5）防止误入带电间隔。

这五个功能是保证人身、电网、设备安全的基础，防误闭锁装置不可靠有可能导致误入带电间隔、带地线合闸、带电合地线（接地开关）等误操作事故，并有可能造成事故范围扩大、恢复送电时间延长、负荷损失加大、事故定级增高等一系列更加严重的后果。

若防误装置与柜内照明装置合用一个开断设备（图 3-81），就是将防误操作装置与照明、加热等回路绑定。而照明、加热等回路的可靠性较低，容易发生故障引起空开跳闸，导致防误装置失电的情况。

因此为了提高开关柜防误装置的稳定性，开关柜防误装置需设有独立的工作电源。

【案例说明】

在设计中，应采用防误装置与照明装置各自配置一个开断设备的设计，如图 3-82 所示。对于运行中的设备，开关柜防误电源应独立，与照明电源等合用开断设备的，应结合停电进行改造。

图 3-81　闭锁回路与照明回路使用同一个空开

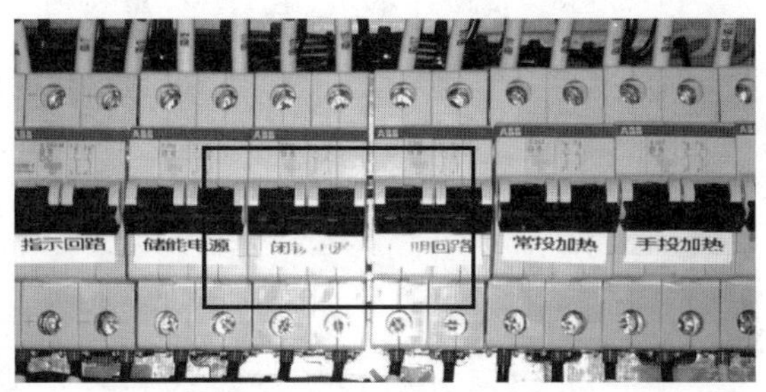

图 3-82　闭锁回路与照明回路分开设置

3.2.45　开关柜制造厂应提供触头镀银层检测报告

【条款解析】

《国家电网有限公司十八项电网重大反事故措施（修订版）》规定：“开关柜内母线搭接面、隔离开关触头、手车触头表面应镀银，且镀银层厚度不小于 8μm。”

为了使高压开关柜可靠运行，降低开关触头发热，静触头和梅花触头铜件表面需进行镀银处理，镀层达到一定厚度时可提高接触点的导电能力和抗氧化能力。

若开关柜的触头不进行镀银，新投运时的影响可能并不明显。但随着运行时长的增加，触头表面发生氧化和电化学腐蚀，触头的接触电阻增大；随着社会经济发展，用电负荷增大，触头承载电流增大。电阻和电流增大后触头将产生发热，严重的发热将影响设备寿命，严重者甚至发生短路故障，引起开关柜爆炸。

因此目前所有开关触头均需要进行镀银，但由于镀银的成本昂贵，部分制造厂为了节约成本，采用了镀银层厚度不足的触头。镀银层厚度不足的触头在投运初期同样不会对设备造成明显的影响，但随着开关触头操作次数的增加，触头间反复摩擦，镀银厚度缓慢变薄，最终使触头的铜材质裸露，引起发热。

验收时对每台开关每个触头进行检测是不现实的，因此需制造厂提供第三方触头镀银层检测报告作为验收依据。同时提供第三方出具的镀银层检测报告，在厂内验收时若发现无镀银层检测报告，应要求制造厂补充该报告。

【案例说明】

图 3－83 所示为未进行镀银处理的触头，图 3－84 所示为对触头进行检测，发现镀银层厚度不足。

图 3－83　未镀银触头

图 3－84　镀银层厚度不足

3.2.46　大电流开关柜应做母线至出线整体回路电阻测试

【条款解析】

开关柜安装时应保证各个接触面回路电阻符合要求。

随着社会经济发展，供电负荷逐年增加，各类开关柜过热问题凸显，尤其是 10kV 开关柜，因其自身结构原因，柜体采用封闭结构，产生的热量无法及时排出，柜内热量的积累及触头部位的持续发热，极易造成绝缘件的绝缘水平降低，最终造成短路、击穿，甚至发生因过热造成的开关柜燃烧、爆炸事件。特别是大电流开关柜，在高温高负荷期间，过热问题较普遍，出线柜要更为严重。

从对开关柜过热的巡查情况来看，发现开关柜过热主要集中在触头的发热上，并且有少数几个变电所问题较为严重，出现触头严重过热变形导致烧坏脱落。因此确保动、静触头接触可靠、接触电阻合格对于避免开关柜过热有着重要的意义。而当开关柜手车在工作位置时，触头的接触电阻难以直接测量，需采取测量母线至出线整体的回路电阻来间接判断动静触头接触是否可靠。因此要求开关柜安装后，施工单位应提供母线至出线之间的整体回路电阻值测试报告，可以有效提高验收效率及验收质量。

施工单位往往只提供断路器的回路电阻测试报告，对母线至出线之间的各接触面回路电阻值未进行测量。当发现这种情况时，应当要求施工单位对大电流开关柜进行从母线至出线整体回路电阻测试，并提供相应试验报告。

【案例说明】

图 3－85 所示的触头严重过热变形导致烧坏脱落。

当开关柜手车在工作位置时，触头的接触电阻难以直接测量，需采取测量母线至出线整体的回路电阻来间接判断动静触头接触是否可靠，图 3－86 和图 3－87 为使用回路电阻测试仪进行电阻测量。

图 3－85　触头严重过热变形导致烧坏脱落

图 3－86　回路电阻测试

图 3－87　母线至出线整体回路电阻测试

3.2.47　开关柜应满足前柜验电要求

【条款解析】

开关柜应满足前柜验电要求，柜内隔板应拆除或预留出验电孔；运行人员在执行停电操作时，在合接地开关前必须验明设备已无电压，然而金属封闭式高压开关柜处于全封闭状态，按照正常的操作方法，无法用携带式高压验电器对设备进行验电，因此，就出现了强行解锁打开开关柜柜门验电的方式。由于高压电缆布置于后柜，若是下柜的柜内隔板拆除或预留出验电孔，则运行人员可打开柜门进行验电，与高压设备距离增加，工作较为安全。而若是必须打开后柜门进行验电，操作人员距离高压设备较近，验电风险较大。

在验收时若发现开关柜不满足柜前验电条件，应要求制造厂按此规定整改柜内结构，取消前后柜隔板或在隔板上预留出验电孔。

【案例说明】

部分制造厂开关柜下柜仍存在隔板将前后柜分开（图 3 - 88），验电时必须打开后柜门，增加了验电风险，应要求取消前后柜隔板（图 3 - 89）或在隔板上预留出验电孔。

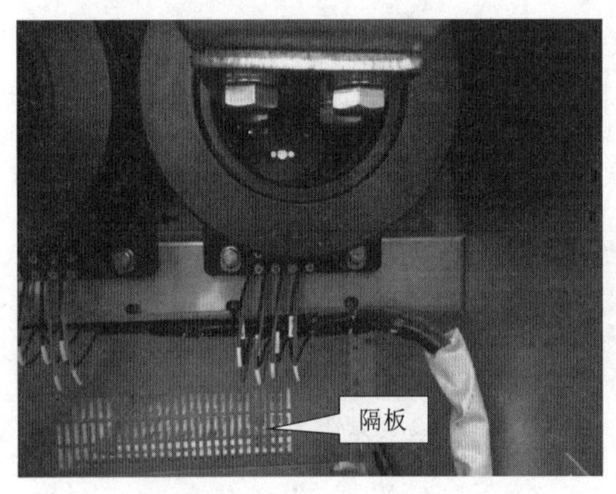

图 3 - 88　前后柜被隔板分开

图 3 - 89　前后柜无隔板结构

3.2.48　开关柜电缆进线仓应进行防潮封堵

【条款解析】

开关柜电缆进线仓应进行防潮封堵，以防止电缆沟内的水分入侵开关柜。开关柜是一个相对封闭的设备，湿度偏大将引起开关柜内部设备表面凝露（图 3 - 90），降低柜内的绝缘水平，影响绝缘材料寿命，并加速电化学腐蚀，严重者甚至会引起放电，引发短路故障。如图 3 - 91 所示，开关柜内湿度过高加快了电化学腐蚀，导致触头表面氧化。开关柜内水分入侵途径主要有两个：一是从开关室入侵；二是从电缆沟入侵。因此控制开关柜内湿度需要做到两个方面：一是控制开关室的湿度，开关室的湿度是可控的，只需要安装除湿机或空调即可；二是控制水分从电缆沟入侵，即做好电缆进线处的防潮封堵，若开关柜电缆进线处封堵不严，将导致水分入侵开关柜内部，导致柜体内湿度偏大。

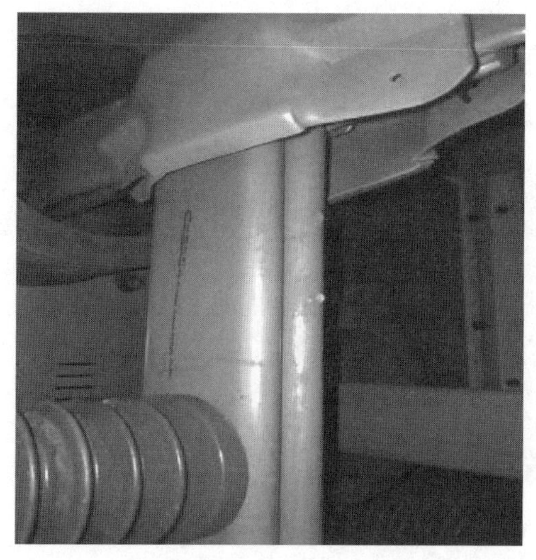

图 3-90　开关柜内湿度过高引起母排表面凝露

图 3-91　湿度过高加快电化学腐蚀，导致触头表面氧化（铜绿）

过去，电缆进线处的封堵是为了防火，因此采用防火泥进行封堵（图 3-92），防火泥封堵后必然会留下间隙，而水分子的体积小，能够通过防火封堵的间隙。因此为实现防潮，需要用其他封堵材料。

图 3-92　仅进行防火封堵

目前较为适用的防潮封堵材料为高分子发泡胶，如图 3-93 所示。发泡胶调和完成时为液态，使用时将液态发泡胶倒在电缆进线仓底部，由于发泡胶是流动的，它将自动填补所有防火封堵留下的缝隙。一段时间后发泡胶发泡固化，此时所有缝隙都被填补导致水分潮气无法入侵，从而达到防潮的效果。

经实践证明，防潮封堵能够有效降低开关柜内湿度，防止开关柜凝露和降低电化学腐蚀，因此在基建工程中也应进行防潮封堵。

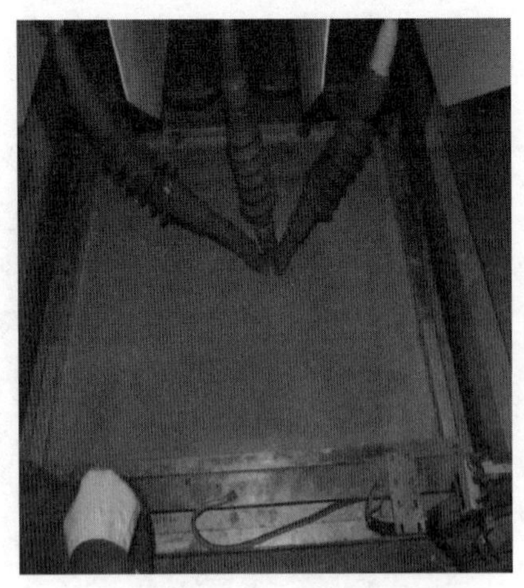

图 3-93　使用发泡胶进行防潮封堵，覆盖电缆进线仓底部

【案例说明】

对新安装完成的全封闭开关柜电缆进线处进行防潮封堵，能有效降低柜内湿度，减少凝露现象的发生和降低化学腐蚀。

3.2.49　开关柜动静触头的插入深度应为 15～25mm

【条款解析】

开关柜动静触头的插入深度应为 15～25mm。施工单位在安装时对动静触头插入深度的调整较为随意。插入深度是保证开关柜动静触头有效接触关键。如动触头插入深度不够而虚接触，会使触头接触电阻增大、运行温度升高，再导致触头表面氧化加速、接触电阻增大，如此恶性循环，最后导致触头损坏，甚至发生短路故障，引发开关发生爆炸，导致火灾，造成大范围停电的重大损失。因此，插入深度是保证隔离触头可靠接触的关键。

另外，如果插入深度过大，动静触头将互相顶到，顶到后触头杆受力引起变形，并形成微小的缝隙，电场不均匀导致放电损坏镀银层。因此动静触头的插入深度应合适，15～25mm 的深度既可以保证接触良好，又不至于使动静触头顶到。图 3-94 为动静触头插入深度 L 示意图。

测量接触深度可以采用痕迹法。首先在动触头上涂抹凡士林润滑脂，并将静触头清洗干净，然后将开关小车摇到位后使动静触头啮合，此时如图 3-95 所示，静触头表面会出现微小的划痕，将小车摇出后检查静触头，划痕的长度就是插入深度。

【案例说明】

动静触头的插入深度应合适，15～25mm 的深度既可以保证接触良好，又不至于使动静触头顶到。测量动静触头插入深度，如果插入深度不合格，应当更换不合格的静触头。

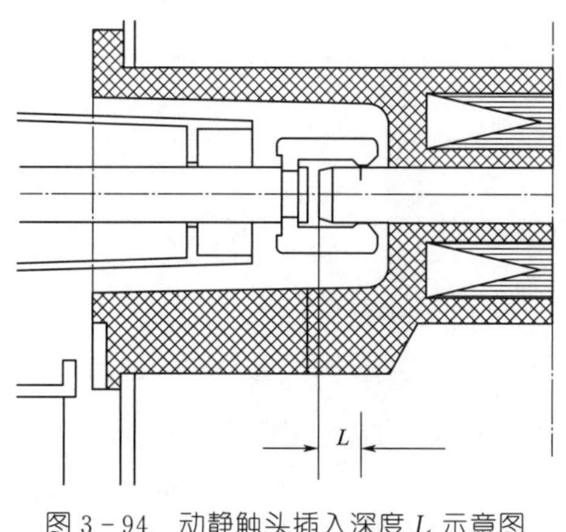

图 3-94　动静触头插入深度 L 示意图

图 3-95　痕迹法检测插入深度

3.2.50　开关柜断路器室的活门、柜后母线室封板应标有母线侧、线路侧等识别字样

【条款解析】

开关柜是全封闭结构，其内部结构不直观，检修时需要打开活门封板进行检查，而此时若母线侧和线路侧有一侧带电，就容易误触带电部位。尤其是主变进线开关柜，由于其比普通开开关柜多了一个顶部进线桥架，在检修中非常容易误开母线室封板。在开关柜诞生后的几十年时间里，曾经多次发生误触带电部位引起的人身事故，血的教训令开关柜的制造者和使用者们不断想办法降低误触带电部位的可能。

设置警示标志是行之有效的措施之一。在容易误触带电部位的活门和封板上设置母线侧、线路侧标签，能够有效避免带电部位事故的发生。

【案例说明】

如图 3-96 和图 3-97 所示，在开关柜断路器室的活门应标有母线侧、线路侧等识别字样，在柜后母线室封板应标有“母线带电、严禁拆开”等警示标语。

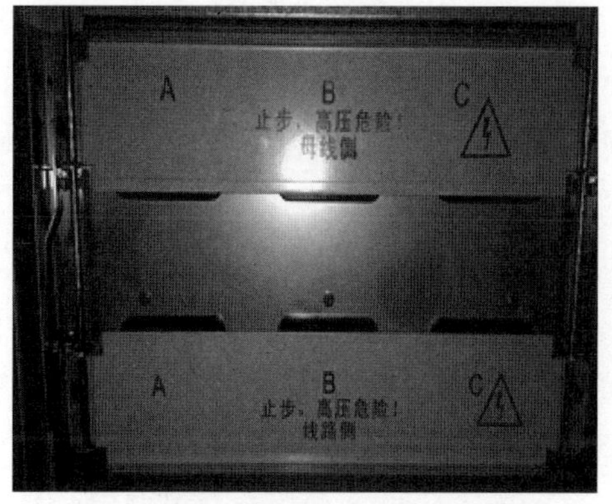

图 3-96　断路器仓内的“母线侧”“线路侧”识别字样

图 3-97　柜后母线室封板上的“母线带电、严禁拆开”警示标语

3.3 运检阶段

3.3.1 各气室 SF_6 密度继电器动作值及压力值检查

【条款解析】

首检时应检查各气室 SF_6 气体密度正常，符合产品技术规定，并且与设备投运时的密度值相比无明显变化，各气室密度继电器动作值符合产品技术规定。

密度继电器是组合电器不可缺少的重要附件，其基本作用是对运行中的组合电器的 SF_6 气体密封状况、是否存在漏气现象进行监视，它能够在气体密度降低时发出告警，或在密度继续下降后闭锁控制回路，因此密度继电器的指示和动作精确性要求非常高。

如果发现某一气室 SF_6 压力值与投运时气体压力值相比明显偏低，即使未发出 SF_6 压力低告警，也应进行检漏，确认有无漏气，如果确实有漏气点应进行处理。

图3-98 表计压力偏低

【案例说明】

某变电所首检时发现Ⅰ段母线气室压力降低（图3-98），经检漏后发现波纹管位置存在渗漏，结合首检更换了波纹管，消除了设备隐患，并避免了重复停电。

3.3.2 复核断路器弹簧机构重点技术参数

【条款解析】

首检时应复核断路器弹簧机构凸轮间隙、分合闸线圈间隙；并着重检查分合闸掣子接触面，应平整光滑、无裂纹、无锈蚀，如有异常应及时检修或更换。

断路器弹簧机构的重点技术参数如凸轮间隙、分合闸线圈间隙是影响断路器动作可靠性的重要参数，凸轮间隙过大或者过小可能导致开关无法合闸、合闸不到位等严重故障。分合闸线圈间隙将影响开关的分合闸时间以及最低动作电压，分闸时间若增加，将导致开关切除故障所需时间增加，加剧设备损伤；线圈动作电压过低将造成设备误动，动作电压过高将造成设备拒动；一般并联合闸脱扣器在合闸装置额定电源电压的85%～110%范围内，应可靠合闸；并联分闸脱扣器在分闸装置额定电源电压的65%～110%（直流）或85%～110%（交流）范围内，应可靠动作；当电源电压低于额定电压的30%时，脱扣器不应脱扣。

分合闸掣子表面应平整光滑、无裂纹、无锈蚀，如磨损严重也将造成断路器合不上或分不开。

【案例说明】

某变电站电抗器开关投运仅一年就发生开关合不上故障，检查合闸保持掣子的受力磨损严重（图 3-99），导致合闸后无法保持，开关拒合。

图 3-99　挡合闸保持掣子变形

3.3.3　汇控柜整体检查

【条款解析】

首检时应检查汇控柜内所有位置指示器指示是否正确，是否与实际位置一致，切换开关是否在正确位置，柜内所有接触器和二次接线是否接触可靠。汇控柜内是否有进水、凝露、受潮痕迹，电缆封堵是否完好，温湿度控制装置是否能正确投入，如图 3-100 和图 3-101 所示。

图 3-100　柜内封堵完好、无进水受潮痕迹

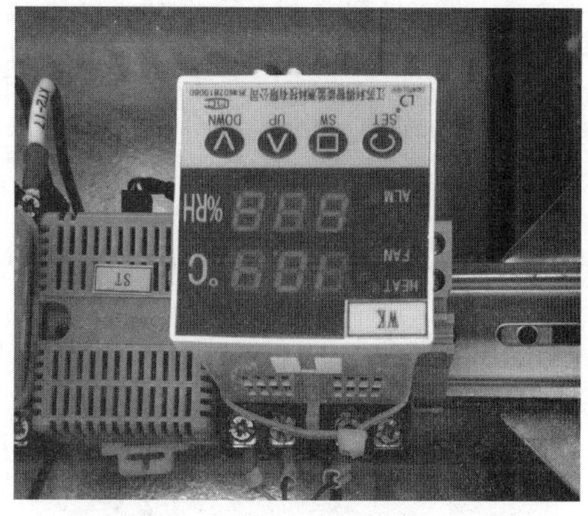

图 3-101　温湿度控制器工作正常

3.3.4 GIS隔离开关操作机构检查

【条款解析】

首检时应对隔离开关操作机构进行仔细检查，电机、控制器应动作灵活、微动开关应切换可靠。二次线接线、接触器无污垢，接触可靠。机构无进水、凝露痕迹，加热器应投切正常。电机旋转及过载保护电气联锁应可靠、正确。操作过程应无卡涩，热继电器完好。当隔离开关合闸时接地开关不能合闸，接地开关合闸时隔离开关不能合闸。进行分、合操作数次，观察分合闸情况，打开距离合乎要求，接触可靠，行程符合厂家要求。

【案例说明】

某GIS隔离开关机构首检，隔离开关操作到位后电机不能停止，随后电机烧毁，隔离开关不能操作。经检查为分合闸限位的微动开关破损（图3-102），隔离开关操作到位后不能切断控制回路，电机继续运转随后烧毁。

图3-102 分合闸限位微动开关破损

3.3.5 GIS导电回路电阻测试合格

【条款解析】

首检时应检查各导电回路接触电阻值，并与交接试验值进行比较，偏差不应大于20%。导电回路电阻的大小，直接影响通过正常工作电流时是否产生不能允许的发热以及通过短路电流时开关的开断性能，它是反映设备安装检修质量的重要标志。

【案例说明】

若GIS的接地开关导电杆与外壳绝缘，引到金属外壳的外部以后再接地，测量时可将活动接地片打开，利用回路上的两组接地开关导电杆关合到测量回路上进行测量；若接地开关导电杆与外壳不绝缘，可先测量导体与外壳的并联电阻和外壳的直流电阻，然后换算得出导电回路电阻。

3.3.6 检查开关柜联闭锁功能正常

【条款解析】

首检时应检查开关柜各项联闭锁功能正常，开关柜联闭锁功能可有效地防止各种人为事故的发生，是保障人身、电网、设备安全的重要手段。

如图3-103所示，开关柜的联闭锁功能应满足以下要求：

（1）高压开关柜内的接地开关在合位时，小车断路器无法推入工作位置。小车在工作位置合闸后，小车断路器无法拉出。

（2）小车在试验位置合闸后，小车断路器无法推入工作位置；小车在工作位置合闸后，小车断路器无法拉至试验位置。

（3）断路器手车拉出后，手车室隔离挡板自动关上，隔离高压带电部分。

（4）接地开关合闸后方可打开电缆室柜门，电缆室柜门关闭后，接地开关才可以分闸。

图 3-103 检查手车联闭锁工作

（5）在工作位置时接地开关无法合闸。

（6）带电显示装置显示馈线侧带电时，馈线侧接地开关不能合闸。

（7）小车处于试验或检修位置时，才能插上和拔下二次插头。

（8）主变进线柜/母联开关柜的手车在工作位置时，主变隔离柜/母联隔离柜的手车不能摇出试验位置，电气闭锁可靠。

（9）主变隔离柜/母联隔离柜的手车在试验位置时，主变进线柜/母联开关柜的手车不能摇进工作位置，电气闭锁可靠。

3.3.7 检查触头完好、无变形、无过热、镀银层无脱落

【条款解析】

首检时应检查柜体、手车触头表面光滑无损伤，弹簧完好，无变形，无发热现象，镀银层无脱落，并涂抹薄层中性凡士林；检查动、静触头接触深度满足厂方说明书要求，表面无氧化、松动，烧伤；检查各电气连接部分接触良好，固定紧固，无过热，测量主回路电阻无异常。

开关柜过热主要集中在触头的发热上，并且有少数几个变电所问题较为严重，出现触头严重过热变形导致烧坏脱落。因此确保动、静触头接触可靠、接触电阻合格对于避免开关柜过热有着重要的意义。首检时可通过检查柜体、手车的触头来判断触头有无过热痕迹以及是否存在过热隐患，如发现问题可以及时采取措施，提高下一个检修周期内设备的运行可靠性。

【案例说明】

手车触头镀银层脱落（图 3-104）引起设备过热。

3.3.8 开关柜辅助及控制回路检查

【条款解析】

开关柜控制回路就是控制断路器分合闸的回路，接受测控、保护等装置的命令，

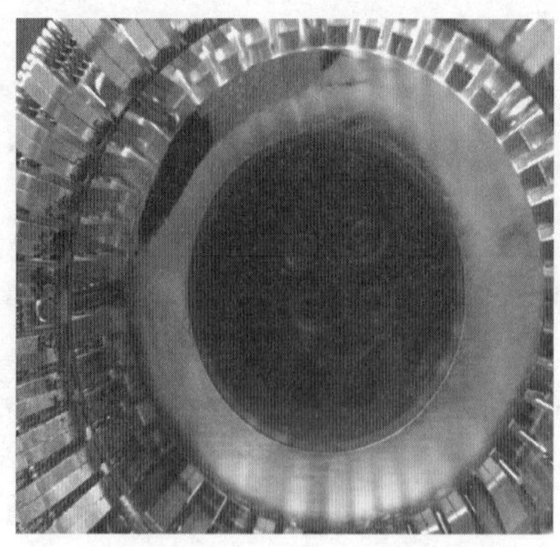

图3-104 手车触头镀银层脱落

完成断路器电气分合闸。而辅助回路主要为控制回路提供回路信号和保护，比如互锁和自锁等。

首检时应对开关柜辅助及控制回路进行检查：柜内二次线固定牢固，无脱落搭接一次设备可能；二次接线清洁，接线紧固，编号完整清晰；1000V兆欧表测量分、合闸控制回路的绝缘电阻合格；柜内加热器接线无松动，端子编号齐全，回路正常；温湿度控制器外观清洁、接线牢固、工作正常；柜内照明正常；手动分、合闸操作，分、合闸指示灯正常；手车断路器实际位置与位置指示灯指示一致。

【案例说明】

微动开关切换不到位（图3-105）引起手车位置指示错误。

图3-105 微动开关切换不到位

3.3.9 开关柜内无进水、凝露情况

【条款解析】

若开关柜长期在潮湿、闷热的环境中工作，就会在内部积聚大量的水汽形成凝

露（图 3－106），凝露一旦附着在绝缘表面就会使绝缘介质加速老化，引发断路器跳闸或电气设备损坏，甚至造成开关柜爆炸等更为严重的电力事故。凝露的常见原因有：变电站昼夜温差大，潮气重；柜底与电缆沟连接孔洞未封堵或存在缝隙，使得电缆沟中的潮气通过孔洞或缝隙进入开关柜又未能及时排出。因此首检时应检查开关柜内有无进水凝露痕迹，并检查加热驱潮以及通风除湿装置是否工作正常。

3.3.10 开关柜电缆及其连接检查

【条款解析】

电缆室清洁，无异物；孔洞封堵严密。电缆终端绝缘无破损、放电痕迹，带电部位与柜体间的空气绝缘净距离符合要求：≥125mm（对于 12kV），≥180mm（对于 24kV），≥300mm（对于 40.5kV）；电缆终端连接可靠，紧固螺栓无松动、脱落，接线板无过热；引出屏蔽接地线固定良好，与带电部分保持足够安全距离；分支接线的绝缘包封良好。单相电缆应有防涡流措施。

【案例说明】

电缆孔洞未封堵如图 3－107 所示。

图 3－106 柜壁凝露

图 3－107 电缆孔洞未封堵

第 4 章

四小器全过程技术监督

4.1　设计阶段

4.1.1　电流互感器一次接线端子应有防松、防转动措施，引线连接端要保证接触良好，等电位连接牢固可靠

【条款解析】

电流互感器两端接线端子应核算引流线（含金具）对接线端子的作用力，确保不影响密封。

图 4-1　接线端子受力现场图

【案例说明】

××变＃3 主变 35kV 电流互感器 B、C 相渗油，油位偏低。＃3 主变 35kV 电流互感器位于 35kV 开关室外，电流互感器两侧均采用 630 双分裂导线，如图 4-1 所示，其中 B、C 相远离开关室侧接线柱渗油。

运行后随着密封圈老化，该部位易发生渗油；而另一侧的接线柱由于导线作用于它的是向电流互感器方向的推力，将使其与密封圈压得更紧，不易渗油。接线柱与电流互感器本体连接图如图 4-2 所示。

更换后的新密封圈比原密封圈厚度更大，可在一定程度上增加密封效果，减少该部位渗油缺陷的发生。

4.1.2　除非磁性金属外，所有设备底座、法兰应采用热浸镀锌防腐

【条款解析】

电流互感器膨胀器、油箱及底座、二次接线盒应采用防腐蚀材料或进行防腐蚀工

图 4-2　接线柱与电流互感器本体连接图

艺处理。易腐蚀部位结构上应具备防腐刷漆条件，取油样导管与油箱的焊接部位应便于观察。

【典型案例】

220kV××变#2 主变 220kV 电流互感器 A 相渗油，拆除过程中发现旧电流互感器结构不合理导致其底部锈蚀严重，锈蚀是导致电流互感器渗油（图 4-3）的主要原因。

图 4-3　#2 主变 220kV 电流互感器渗油情况

旧电流互感器出厂于 2000 年，该组电流互感器投运后运行良好，且经过多次防腐刷漆，表面无明显锈迹，2019 年 4 月，发现 A 相底部出现油迹。9 月 24 日，结合停电对电流互感器进行了更换。

在拆除旧电流互感器后，检修人员发现渗油的旧电流互感器 A 相底部与安装板锈蚀严重，如图 4-4 和图 4-5 所示，进一步检查发现取油样阀导管与底座焊缝处渗油。

图 4-4 底部锈蚀严重

图 4-5 底部安装板上的锈迹严重

图 4-6 拆除的三相电流互感器，底部均严重锈蚀

拆除三相后，发现每一相底部都严重锈蚀，如图 4-6 所示。

该电流互感器自投运后经历过三次停电 C 检及防腐刷漆，但由于其结构原因，防腐刷漆无法覆盖到底部的部分，如图 4-7 所示。

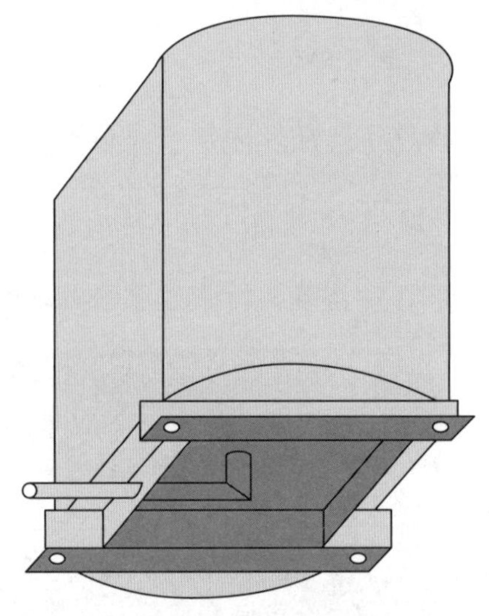

图 4-7 防腐刷漆可以保护到及不能保护到的位置

旧结构下，安装后与底座完全贴合，导致水汽无法排出，加重锈蚀速度。

4.1.3 所选用电流互感器的动、热稳定性能应满足安装地点系统短路容量的远期要求，一次绕组串联时也应满足安装地点系统短路容量的要求

【条款解析】

电流互感器一次绕组在使用不同变比时可采取并联或串联的方式，在一次绕组使用串联方式时，也应满足安装地点系统短路容量的要求。工程设计时应按照

远期短路容量进行设备选型，避免互感器投运较短时间内即出现短路容量不足的问题。

4.1.4 互感器的二次引线端子和末屏引出线端子应有防转动措施，避免在安装或运维过程中因端子转动导致内部引线受损或断裂

【条款解析】

电流互感器二次侧开路的情况下，一次电流全部参与励磁，引起铁芯饱和，导致异常发热，可能损坏互感器；同时，如果运行中电流互感器二次绕组突然开路，开路点会产生高电压，可能造成二次设备损坏，使设备外壳带电。

如果互感器末屏引出线端子内部引线受损或断裂，末屏电位悬浮，导致放电。

【典型案例】

某 110kV 变电站 110kV 线路进行带负荷测相量，发现故障录波 B 相电流值存在异常，检查发现 B 相电流互感器一个接线端子有放电痕迹、接线端子内部接线柱螺母跟转，造成二次绕组内部接触不良，导致放电，如图 4-8 和图 4-9 所示。

图 4-8 接线端子内部引线接触不良

图 4-9 引线接触不良，有明显的放电痕迹

4.1.5 油浸式互感器的膨胀器外罩应标注清晰耐久的最高（MAX）、最低（MIN）油位线及 20℃ 的标准油位线，油位观察窗应选用具有耐老化、透明度高的材料进行制造。油位指示器应采用荧光材料

【条款解析】

为便于互感器的运行维护，特对油浸式互感器的膨胀器外罩、油位观察窗及油位指示器提出要求。根据实际运行经验，膨胀器外罩的油位线、观察窗由于褪色、老化等导致运维人员无法准确观察到油位。油位指示器是连接于膨胀器顶部膨胀节并随膨胀器伸缩而上下移动的指示装置，指示装置的指示线应采用荧光材料以便于运维人员巡视并记录。

4.1.6 电容式电压互感器电磁单元油箱排气孔应高出油箱上平面 10mm 以上，且密封可靠

【条款解析】

电容式电压互感器在设计阶段，油箱排气孔应高出油箱上平面，避免因密封老化失效导致油箱内部进水。

【典型案例】

某电容式电压互感器电磁单元油箱上排气孔与油箱上表面高度相同，电磁单元上部积水，密封垫老化失效，导致油箱进水，如图 4-10 和图 4-11 所示。

图 4-10　排气孔与油箱上表面高度相同图

图 4-11　密封垫老化失效图

4.2 基建阶段

4.2.1 电容器组过电压保护用金属氧化物避雷器应安装在紧靠电容器高压侧入口处位置

【条款解析】

在紧靠电容器高压侧装设金属氧化物避雷器可限制由断路器重击穿引起的操作过电压，起到保护电容器组的作用，这种接法可以有效地限制断路器单相重击穿时电容器相对地和中性点过电压的发展，降低由单相重击穿诱发两相重击穿的概率。如果将金属氧化物避雷器接在电源进线侧，串联电抗器布置在首端，则加在电抗和容抗上的电动势方向相反，电容器的电压比电源电压高，当出现过电压工况时，避雷器将难以

起到限压保护作用。

4.2.2 互感器二次线圈应满足有且仅有一点接地的要求

【条款解析】

电压互感器原理图如图 4－12 所示。

正常运行情况下，线路压变一次侧电压为系统相电压，压变中间变压器铁芯中存在磁通量。若二次侧未进行单端接地，压变二次线圈将会存在不可控的悬浮电位，长期运行可能会导致二次绕组绝缘损坏，致使压变二次信号失真，引起保护误动作。此外，若运行过程中一次、二次绕组绝缘击穿，一次侧的高电压窜入二次侧，而二次设备的绝缘等级远不足以承受一次侧的高电压，会导致保护系统受损，严重危及人身和设备的安全。

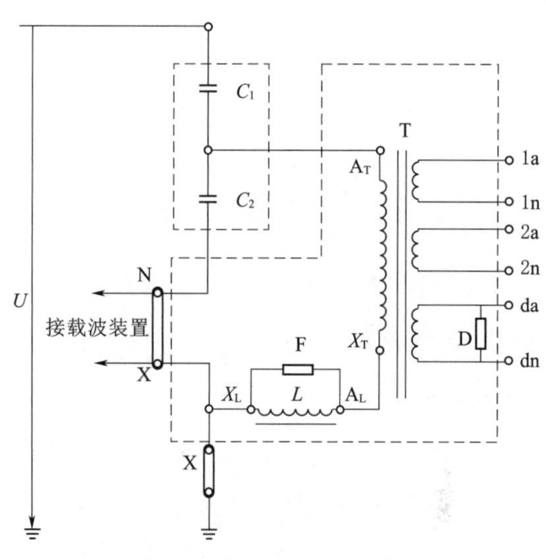

图 4－12 电压互感器原理图

【典型案例】

2019 年 9 月 17 日，试验人员在进行 220kV××变仙坦 1551 线路压变年检的过程中发现：仙坦线路压变二次端子未单端接地，如图 4－13 所示。

发现问题后，试验人员随即对压变二次端子接线进行了整改，如图 4－14 所示。

图 4－13 整改前的线路压变二次端子

图 4－14 整改后的线路压变二次端子

4.2.3　电容器成套装置的连接应符合下列要求：母线汇流排等应采用镀锡铜排，电容器与母排采用冷压接或铜鼻子连接。电容器之间的连接线应使用搪锡软铜线，使用专用压线夹。封星点处镀锡铜绞线应使用两个安装孔。直接连接电容器端子的放电线圈接线端子应采用专用线夹（哈弗线夹等）对软铜绞线进行连接和固定

【条款解析】

电容器成套柜内母线汇流排与电缆搭接面采用双孔搭接，孔径 ϕ13mm，两孔间距 40mm，下孔边缘距铝排下边缘 20mm。电容器组内连接排 90°折弯时须采用两个 45°角弯折，或通过导体载流面积核算。

4.2.4　110（66）kV 及以上电压等级避雷器应安装与电压等级相符的交流泄漏电流监测装置

【条款解析】

现场许多避雷器泄流表量程偏大，导致有异常时指示变化不明显，巡视人员不易发现异常情况。建议各电压等级避雷器对应的泄漏电流量程参考范围：220kV 及以下为 0～3mA，330～750kV 为 0～6mA，1000kV 为 0～20mA。

避雷器泄漏电流在线监测应严格按照周期进行，并对监测数据进行分析，建议在全电流增长超过 20%时或异常大幅降低时，应进行带电测试，测量全电流和阻性电流，并进行分析、判断，必要时进行停电试验。

4.2.5　避雷器喷口不应朝向巡视通道或其他设备

【条款解析】

在避雷器过载发生爆炸时，能通过上中下两组或多组压力释放口（防爆孔）及时释放能量，以最快的速度泄放压力，可以最大限度地减少人身损伤及财产损失。如果避雷器喷口与泄流表朝向一致，当避雷器发生爆炸且巡视人员此时查看避雷器泄流表时，会造成人员伤亡，如图 4-15 所示。

调整避雷器喷口朝向，使其与泄流表方向错位，以保证巡视人员安全，如图 4-16 所示。

4.2.6　B、C 型线夹应打排水孔，防止内部积水锈蚀和低温时积水结冰胀破线夹

【条款解析】

《国家电网公司变电验收管理规定（试行）　第7分册　电压互感器验收细则》规

图 4-15 压力释放通道朝向巡视人员

图 4-16 喷口未指向巡视通道

定："在可能出现冰冻的地区，线径为 $400mm^2$ 及以上的、压接孔向上 30°～90°的压接线夹，应打排水孔"，如图 4-17 和图 4-18 所示。部分施工单位在施工时存在线夹排水孔遗漏的情况。

图 4-17 压接孔向上易进水线夹

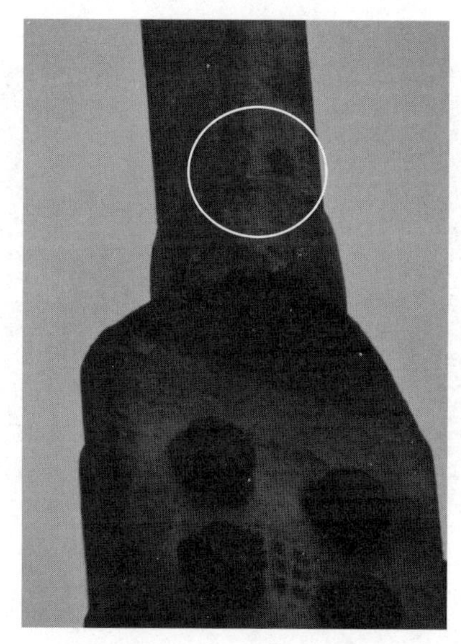

图 4-18 经打孔的线夹

4.2.7 互感器安装时，应将运输中膨胀器限位支架等临时保护措施拆除，并检查顶部排气塞密封情况

【条款解析】

金属膨胀器的主体实际上是一个弹性元件，当电流互感器内变压器油的体积因温度变化而发生变化时，膨胀器主体容积发生相应变化，起到体积补偿作用。保证电流互感器内油不与空气接触，没有空气间隙、密封好，减少变压器油老化。

图 4－19　限位支架

互感器运输时，为防止金属膨胀器晃动或碰撞造成损伤，往往用限位支架将膨胀器固定住，如图 4－19 所示。互感器安装时，若膨胀器固定装置未拆除，膨胀器将失去补偿作用，无法反映油位变化，运行人员无法判断互感器内油位高低，油位低于互感器线圈位置将造成事故；同时当温度升高，变压器油体积膨胀，若是膨胀器无法及时扩张，内部压力将急剧增大，导致膨胀器损坏甚至爆炸，因此互感器安装时应将金属膨胀器的固定装置拆除。

【典型案例】

220kV 变电站 220kV 倒立式电流互感器投运后出现膨胀器渗油，现场检查发现膨胀器上部排气塞密封胶垫压缩量不够，运行中温度变化造成膨胀器伸缩，密封胶垫损坏，导致渗油，如图 4－20 所示。

（a）膨胀器渗油图

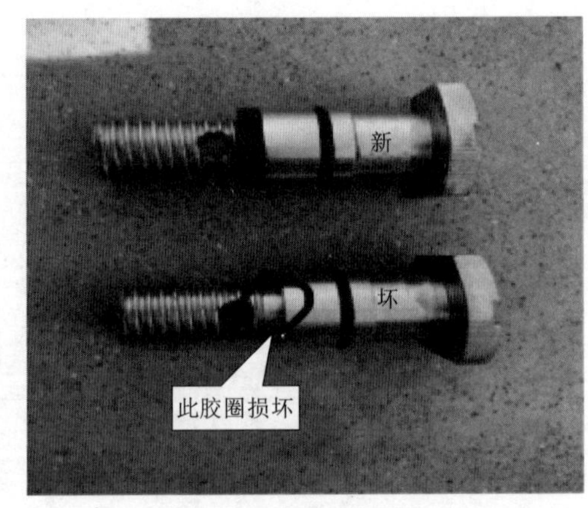

（b）排气塞密封胶垫损坏图

图 4－20　倒立式电流互感器膨胀器渗油

4.2.8　互感器应有两根与主接地网不同地点连接的接地引下线

【条款解析】

在运行中，如果互感器内部线圈击穿，将会造成外壳带电或将高电压窜入低电压系统，造成人员和低压设备危害，故电业安全规程和技术规程都规定，互感器的外壳和副线圈必须接地。电流互感器外壳接地属于保护性接地，以保护人身和设备的安全，为防止一根接地线出现虚接的情况，要求电流互感器外壳必须双接地，如图 4－21 所示。

图 4-21　两侧各装设一根接地引下线

4.2.9　设备线夹不应采用铜铝对接式过渡线夹

【条款解析】

现代电力系统中，铜铝对接式过渡线夹占据着比较重要的地位。尤其在变电站中，电气设备与铝导线的连接中往往采取铜铝对接式过渡线夹的方法，但因铜铝对接式过渡线夹内在的本质特性，铜与铝的化学活性不一致使它们通电时会发生电化学反应，导致铝线逐步氧化，降低铝线的机械强度；铜与铝的电阻率不同，通过电流时会产生大量余热，较易产生过热故障等。铜铝对接式过渡线夹的使用给电力系统的稳定运行带来了比较大的安全隐患。

电流互感器一次接线端一般是铜材质，为与铝导线相连，导线线夹一般采用铜铝对接式过渡线夹，如图 4-22 所示。

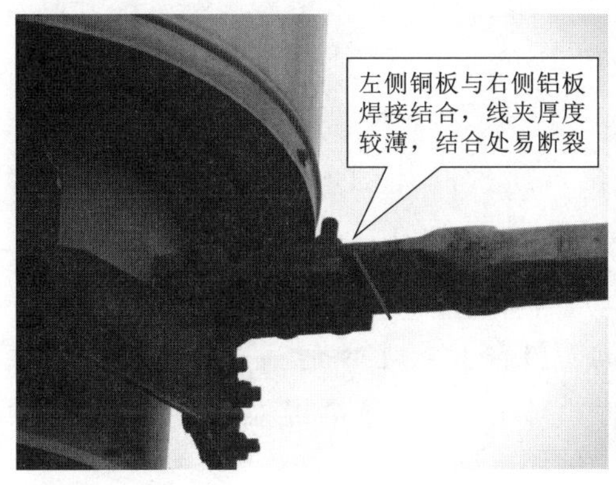

图 4-22　铜铝对接式过渡线夹

铜铝对接式过渡线夹是采用闪光焊接工艺，将高温熔化的铜板和铝板各自一端对接，然后结合在一起。这种工艺的成本虽然不高，但是生产效率也不高，而且这种工艺生产的复合板中间结合处较脆且导电性能极不好，受力后也极易断裂。

4.2.10 电容器组避雷器应安装在紧靠电容器组高压侧入口处位置，泄流表应安装在围栏外

【条款解析】

当采用真空断路器切、合电容器组时，仍有2%～6%的重燃率，为免受操作过电压的损坏，并吸收过电压能量，在电容器组的高压母线上安装氧化锌避雷器对保护电容器组是非常必要的。

电容器组避雷器应安装在紧靠电容器组高压侧入口处位置，以防止系统中的过电压对电容器造成危害，若是未安装在高压侧入口位置，将无法起到对电容器组的保护作用。

设计时应将避雷器位置设置在紧靠电容器组高压侧入口处位置，安装时泄流表应用软导线引出电容器组围栏之外，便于运维人员巡视观察以及带电更换，如图4-23所示。

图4-23　泄流表引出至围栏外

4.2.11 110kV及以上瓷质避雷器应装设屏蔽环

【条款解析】

110kV及以上瓷质避雷器应装设屏蔽环，以减少避雷器外表泄漏电流对避雷器泄流表监测数值的影响。部分避雷器安装时未加装屏蔽环，导致运行时泄流表数值偏小。

目前110kV及以上电压等级避雷器均采用金属氧化锌避雷器。氧化锌避雷器在工频运行电压作用下，阀片有可能产生老化，通过阀片的电流和功率损耗随着时间的增长而逐渐增大，最终导致阀片失去热稳定而损坏。此外，金属氧化锌避雷器也可能因密封不严而导致内部受潮，运行电流增大，严重时导致避雷器故障。避雷器泄流表及时测量避雷器泄漏电流中的阻性分量，主要包括：外套内、外表面的沿面泄漏，阀片沿面泄漏、阀片本身的非线性电阻分量以及绝缘支撑件的泄漏等。

通过测量避雷器泄漏电流来反映避雷器内部的受潮及老化情况，主要是通过监测

图 4-24　避雷器屏蔽环

瓷套的内表面沿面泄漏及阀片阻性电流的变化来实现。如能屏蔽避雷器瓷套外表面的阻性电流分量，则可提高泄漏电流监测的准确性。因此在瓷质避雷器瓷套底部加装屏蔽环（图 4-24），将瓷套外表面泄漏电流直接接地，不经过泄流表，这样泄流表采集到的即为避雷器内部泄漏电流数据，能够更加有效地判断避雷器是否受潮或老化。

4.2.12　避雷器与相邻设备的最小距离应满足高压试验的要求

【条款解析】

避雷器在进行高压试验时，试验电压可能达到其额定电压的数倍，若避雷器与其他设备距离过近（图 4-25），试验时的高电压将对其他设备造成威胁甚至引发安全事故。为避免此类情况的发生，要求场地设计时避雷器与相邻设备的最小距离应满足高压试验的要求［避雷器引线足够长，拆除后能满足高压试验时的距离要求，避雷器最高点距上方母线（母排）应大于 500mm］。

图 4-25　避雷器距离其他设备及上方母线过近

4.2.13　安装过程中，固定式接触面应均匀涂覆性能良好的导电膏，避免雨天无防护情况下对接触面进行处理

【条款解析】

导电膏涂覆不均匀或导电膏质量不合格导致粉末化（图 4-26），等同于减少了导电接触面，增加了回路电阻，无法发挥原本功效，造成局部过热。

【典型案例】

（1）220kV××变＃1 电容器组连接头过热，打开处理发现接触面粗糙，导电膏涂覆不均匀，如图 4-27 所示。

（2）220kV××变发现仙赤 1555、仙坦 1551、仙多 1543、仙港 1553 多条线路副母隔离开关回路电阻过大。

打开检查仙赤 1555、仙坦 1551、仙多 1543、仙港 1553 副母隔离开关侧接线座与引线的连接，发现接触面导电膏涂抹不均匀，未能覆盖整个接触面，如图 4-28 所示。

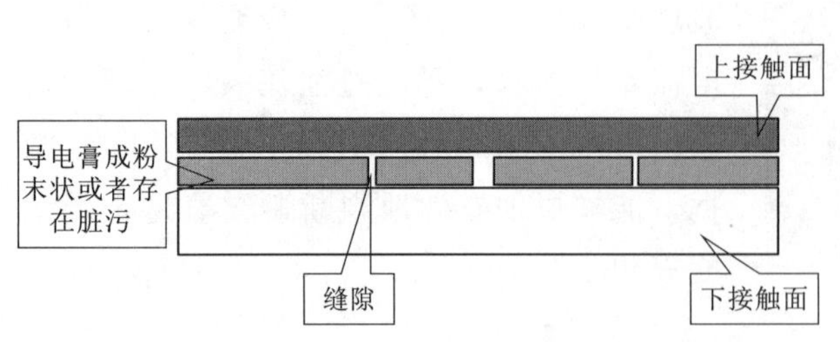

图 4-26　导电膏成粉末状的情况

图 4-27　导电膏涂覆不均匀

图 4-28　导电膏涂抹不匀

(3) 220kV××变#2 主变 110kV 副母隔离开关过热，打开检查 C 相静触头抱箍，导电膏成粉末状，等同于减少了导电接触面，增加了回路电阻，无法发挥原本功效，造成局部过热。

4.3　运检阶段

4.3.1　事故抢修的油浸式互感器应保证绝缘试验前的静置时间，其中 500（330）kV 设备静置时间应大于 36h，110（66）～220kV 设备静置时间应大于 24h

【条款解析】

考虑到油浸式互感器油量较少，参考主变抢修后绝缘试验前的静置时间，结合现场停电时间限制等实际情况，适当缩短静置时间。

4.3.2 新投运的 110（66）kV 及以上电压等级电流互感器，1～2 年内应取油样进行油中溶解气体组分、微水分析，取样后检查油位应符合设备技术文件的要求。对于明确要求不取油样的产品，确需取样或补油时应由生产厂家配合进行

【条款解析】

由于油净化工艺、绝缘件干燥不彻底等制造工艺造成的隐患，在电流互感器运行 1～2 年内绝缘故障时有发生，因此在设备投运后 1～2 年内进行油色谱和微水试验。互感器属于少油设备，倒立式互感器的油更少，取油过多可能会影响互感器微正压状态，因此，每次取油时应注意膨胀器的油位，如确需取油样或补油时，应在生产厂家的指导下进行。

【典型案例】

某 110kV 变电站内共有 18 台同类型 110kV 电流互感器，投运 1 年内有 2 台 110kV 电流互感器发生喷油故障，油色谱试验判断该电流互感器内部可能存在局部放电。对站内其他同型号电流互感器进行油色谱检验，发现其中 9 台色谱数据有不同程度的异常。经分析，原因为生产厂家变压器油净化工艺存在问题，导致油中环己烷的含量超标，烷烃发生裂化、脱氢，产生氢气，在电场的作用下发生局部放电。

4.3.3 运行中油浸式互感器的膨胀器异常伸长顶起上盖时，应退出运行

【条款解析】

油浸式互感器的膨胀器异常伸长顶起上盖，说明内部存在严重绝缘损坏故障，应立即退出运行。

【典型案例】

某 110kV 变电站某 110kV 线路 C 相电流互感器（倒立式）上盖顶起，检查发现互感器内部绝缘损坏，产生氢气，互感器内部压力增大，膨胀器异常伸长顶起上盖，如图 4-29 所示。

图 4-29 互感器内部压力增大，膨胀器异常顶起

4.3.4 倒立式电流互感器、电容式电压互感器出现电容单元渗漏油情况时，应退出运行

【条款解析】

对运行中渗漏油的互感器，应根据情况限期处理，必要时进行油样分析，对于含

水量异常的互感器要加强监视或进行油处理，此部分已经列入运维人员的日常工作，无需在反措中再作要求，重点提出应加强倒立式电流互感器及电容式电压互感器电容单元的巡视，发现渗漏油情况时应立即退出运行。

4.3.5 电流互感器内部出现异常响声时，应退出运行

【条款解析】

当电压互感器二次电压异常时，应迅速查明原因并及时处理。

4.3.6 应定期校核电流互感器动、热稳定电流是否满足要求。若互感器所在变电站短路电流超过互感器铭牌规定的动、热稳定电流值，应及时改变变比或安排更换

【条款解析】

应根据电网发展的情况，及时对电流互感器的动、热稳定电流进行校核，以满足安装地点的短路电流值。

4.3.7 加强电流互感器末屏接地引线检查、检修及运行维护

【条款解析】

电流互感器末屏是电流互感器最外层的绝缘层，如果末屏不接地，最外层的绝缘层就会对地有很高的电压，导致绝缘层击穿破坏、对地放电，从而产生电弧、火花等危险情况，危及设备和人员安全；可能会引起电流互感器二次侧的绝缘击穿，导致电流互感器的电气性能下降，影响电能计量精度和可靠性；可能会导致设备故障，例如电流互感器的二次绕组短路、断路等问题，进而影响电力系统的正常运行。

4.3.8 电容器例行停电试验时应逐台进行单台电容器电容量的测量，应使用不拆连接线的测量方法，避免因拆、装连接线导致套管受力而发生套管漏油的故障

【条款解析】

对互感器的末屏接地引线进行检查、检修和维护。末屏接地线结构、截面积、强度要求已在设计阶段作出要求。

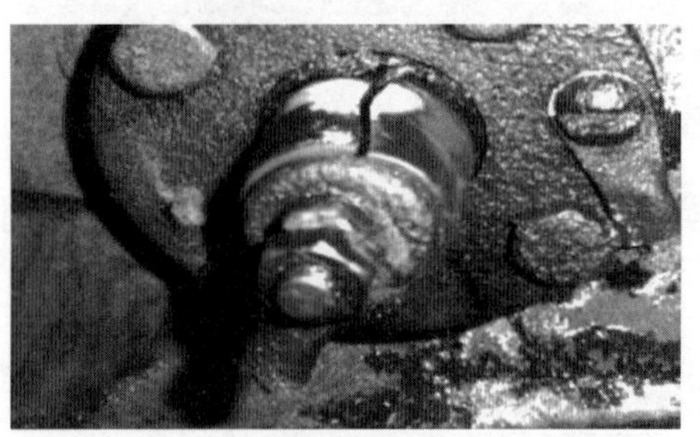

图 4－30 末屏小瓷套开裂、密封件损坏图

【典型案例】

某 220kV 变电站某 220kV 线路 C 相电流互感器底座严重漏油。检查发现该电流互感器的末屏接地线断裂，末屏端子对地放电，造成末屏小瓷套开裂、密封件损坏，如图 4－30 所示。

4.3.9 对于内熔丝电容器，当电容量减少超过铭牌标注电容量的3%时，应退出运行，避免因电容器带故障运行而发展成扩大性故障。对于无内熔丝的电容器，一旦发现电容量增大超过一个串段击穿所引起的电容量增大，应立即退出运行，避免因电容器带故障运行而发展成扩大性故障

【条款解析】

整组电容量测量无法灵敏地发现单台电容器电容量变化情况，例行停电试验时应进行单台电容器电容量的测量。采用内熔丝电容器，当实际运行中减容超过3%时，由于内部熔丝熔断，剩下完好的与其并联的电容元件会因容抗升高而承受过电压运行，很容易发生损坏。

4.3.10 采用AVC等自动投切系统控制的多组电容器投切策略应保持各组投切次数均衡，避免反复投切同一组，而其他组长时间闲置。电容器组半年内未投切或近1个年度内投切次数达到1000次时，自动投切系统应闭锁投切。对投切次数达到1000次的电容器组，应连同其断路器及时进行例行检查及试验，确认设备状态完好后应及时解锁

【条款解析】

为避免AVC系统控制策略不合理，导致同母线下某组电容器组用断路器投切动作过于频繁，引发机械或电气故障，根据《高压并联电容器装置的通用技术要求》（GB/T 30841—2014）有关条款，考虑通常操作过电压条件，电容器每年可切合1000次；如用于切合电容器组更为频繁的场合，过电压的幅值和持续时间以及暂态过电流均应限制到较低水平，其限值应协商确定并在合同中写明。投切达到次数后检查无异常及时解锁是为避免补偿容量不足，及时提供补偿容量。电容器组停运半年以上时，重新投运前，应进行检修。

4.3.11 对安装5年以上的外熔断器应及时更换

【条款解析】

根据实际运行观测，由于受风雨、污秽、发热等影响，电容器组用外熔断器安装5年以上便大批失效，有的即使外观良好也会失效，且外熔断器熔丝特性5年是个明显的拐点，运行5年以上的外熔断器性能会显著下降。为避免电容器批量损坏，外熔断器安装5年以上应及时进行更换。

【典型案例】

2019年7月2日××变运维人员发现#1电容器C01熔丝断裂，如图4-31所示。

据了解该电容器组投运于2008年，期间未整体更换过熔丝熔管，且该电容器组短期内已发生过两次熔丝断裂事件，分别是A09电容器和A13电容器熔丝断裂，现象与本次相同，故推测该电容器组原熔丝、熔管已到使用年限，建议结合大修进行整组更换。熔管老化痕迹如图4－32所示。

4.3.12 对已运行的非全密封放电线圈应加强绝缘监督，发现受潮现象时应及时更换

【条款解析】

根据非全密封放电线圈易受潮老化引起绝缘击穿甚至导致所接电容器极间短路的状况，提醒运维检修人员及时检查。

图4－31 ＃1电容器C01熔丝断裂

图4－32 熔管老化痕迹

第 5 章

其他变电设备全过程技术监督

变电站内除了主要的几大类设备之外还有一部分设备，例如交直流系统、导线电缆、绝缘子和套管等。这类设备是辅助变电站内主要设备运行的辅助设备，对主设备稳定运行起保障作用。

5.1 设计阶段

5.1.1 设计资料中应提供全站直流系统上下级差配置图和各级断路器（熔断器）级差配合参数

【条款解析】

级差配置不当引起断路器（熔断器）越级跳闸的情况在现场时有发生，造成恶劣影响的事故也屡见不鲜。若前期设计阶段级差配置不合理，变电站一旦投运，受负荷供电等限制，改造难度将加大。故加强级差管理，重要的是源头管控，应由设计单位根据现场设备情况提供级差配合的表格和图纸，同时配置图应延伸到端子箱、机构箱、智能控制柜、汇控柜等直流负荷箱柜，以夯实级差管理的基础。

5.1.2 一组蓄电池的直流电源系统接线方式不满足标准要求

一组蓄电池的直流电源系统接线方式应满足《电力工程直流电源系统设计技术规程》(DL/T 5044—2014) 中的相关要求。

【条款解析】

一组蓄电池的直流电源系统接线方式应满足：①一组蓄电池配置一套充电装置时，宜采用单母线接线；②一组蓄电池配置两套充电装置时，宜采用单母线分段接线，两套充电装置应接入不同母线段，蓄电池组应跨接在两段母线上。

5.1.3 两组蓄电池的直流电源系统，切换操作时直流母线未始终连接蓄电池

【条款解析】

两组蓄电池的直流电源系统接线方式应满足：①直流电源系统应采用两段单母线

接线，两段直流母线之间应设联络电器；②两组蓄电池配置两套充电装置时，每组蓄电池及其充电装置应分别接入相应母线段；③两组蓄电池配置三套充电装置时，每组蓄电池及其充电装置应分别接入相应母线段，第三套充电装置应经切换电器对两组蓄电池进行充电；④接线方式应满足切换操作时直流母线始终连接蓄电池运行的要求。

5.1.4　交直流回路共用一根电缆，控制电缆与动力电缆并排铺设

【条款解析】

交直流回路共用一根电缆，易引起相互干扰或交直流互窜；动力电缆一般流过电流较大，发生火灾概率高，若控制电缆与动力电缆并排铺设，一旦动力电缆起火，将直接波及控制电缆，造成变电站交直流电源同时消失，引起事故扩大。

5.1.5　直流电源系统未采用阻燃电缆。两组及以上蓄电池组电缆铺设在同一通道内，未沿最短路径敷设。在穿越电缆竖井时，两组蓄电池电缆未分别加穿金属套管

【条款解析】

直流电源系统为变电站二次设备正常稳定运行提供重要的独立电源，同时也是全厂（站）失去全部交流电源后设备和人员安全的最后保障，其重要性不言而喻。本条款主要针对直流电缆防火而提出电缆选型、电缆铺设方面的具体要求。蓄电池电缆沿最短路径敷设，其原因为：一方面，考虑电缆加长，压降会增大，真正加在蓄电池两端的浮充电压将无法满足要求，长期运行造成蓄电池欠充电；另一方面，电缆越长，发生故障的概率也将增大。

5.1.6　新投运变电站不同站用变低压侧至站用电屏的电缆同沟敷设，且未采取防火隔离措施

新投运变电站不同站用变低压侧至站用电屏的电缆应尽量避免同沟敷设，对无法避免的，则应采取防火隔离措施。

【条款解析】

当某条电缆着火后，若站用变低压电缆同沟敷设，受绝缘能力降低、过负荷、局部过热、机械力破坏、外部热源等影响，可能引起另一台站用变低压电缆着火。

5.1.7　接地导体截面未考虑腐蚀的影响，接地装置宜采用同一种材料。当采用不同材料进行混连时，地下部分应采用同一种材料连接

接地导体截面在符合热稳定、均压和机械强度等要求的基础上，应考虑腐蚀的影

响，依据腐蚀速率增加导体规格，满足腐蚀裕量。

【条款解析】

当两种材质连接时，尤其是接地引下线与主地网连接时，存在两种不同材质连接的现象，极易发生电化学反应对接地材料造成腐蚀，应在施工过程中尽量避免，如受条件限制，则必须保证地下部分采用同一种材料连接，防止接地导体电化学腐蚀。

5.1.8 外绝缘配置未按污秽等级要求进行。外绝缘配置不满足污区要求时，未使用防污闪措施。系统户内绝缘子不满足防污闪要求

新、改（扩）建输变电设备的外绝缘配置应以最新版污区分布图为基础，综合考虑附近的环境、气象、污秽发展和运行经验等因素确定。线路设计时，交流 c 级以下污区外绝缘按 c 级配置；c、d 级污区按照上限配置；e 级污区可按照实际情况配置，并适当留有裕度。变电站设计时，c 级以下污区外绝缘按 c 级配置；c、d 级污区可根据环境情况适当提高配置；e 级污区可按照实际情况配置。

【条款解析】

选用合理的绝缘子材质和伞形。中重污区变电站悬垂串宜采用复合绝缘子，支柱绝缘子、组合电器宜采用硅橡胶外绝缘。变电站站址应尽量避让交流 e 级污区，如不能避让，变电站宜采用 GIS、HGIS 设备或全户内变电站。中重污区输电线路悬垂串、220kV 及以下电压等级耐张串宜采用复合绝缘子，330kV 及以上电压等级耐张串宜采用瓷或玻璃绝缘子。对于自洁能力差（年平均降雨量小于 800mm）、冬春季易发生污闪的地区，当采用足够爬电距离的瓷或玻璃绝缘子仍无法满足安全运行需要时，宜采用工厂化喷涂防污闪涂料。

5.2 基建阶段

5.2.1 安装完毕投运前，应对蓄电池组进行全容量核对性充放电试验，经 3 次充放电仍达不到 100%额定容量的应整组更换

竣工验收时，施工单位应对蓄电池组进行全容量核对性充放电试验，该容量是指折算至 25℃时的容量。

【条款解析】

若新投运蓄电池容量达不到 100%的额定容量，将导致在下次充放电之前一直处于欠容量运行状态（正常运行状态下，只弥补其自放电容量），遇交流失压或充电机故障，蓄电池组不能保证可靠稳定带负荷运行。

5.2.2 蓄电池室温度不能满足 15～30℃ 范围且最高不得超过 35℃ 的要求，未装设调温设施

蓄电池室的门应向外开启，应采用非燃烧体或难燃烧体的实体门，门的尺寸（宽×高）不应小于 750mm×1960mm。蓄电池室温度宜保持在 15～30℃，最高不得超过 35℃，不能满足的应装设调温设施。

【条款解析】

直流系统使用的铅酸蓄电池是一种化学能源，它能把电能转变为化学能储存起来，使用时，再把储存的化学能转变为电能。这种化学反应受温度影响巨大，高温会加剧蓄电池的老化（以 25℃为基准，每上升 10℃，蓄电池寿命会降低一半）。

【案例说明】

2019 年上半年直流系统年检中检查发现，有 20 余座变电站蓄电池室未安装空调，6 月以来蓄电池室室内环境温度持续上升，蓄电池运行环境恶劣。结合直流系统年检情况以及缺陷发生情况，不难发现蓄电池环境温度对直流蓄电池及蓄电池巡检模块带来直接的负面影响。情况如下：

（1）2019 年上半年累计发生直流类缺陷共 22 条，其中 6—8 月合计产生缺陷 12 条，达半数以上。而蓄电池和蓄电池巡检模块相关缺陷高达 10 条。

（2）8 月检修人员在 220kV××变处理直流缺陷时发现，＃1、＃2 蓄电池室内空调均未开启，室内温度高达 35℃以上；110kV××变蓄电池室内未安装空调，且蓄电池室位于变电站二楼西侧，受阳光直晒，温度上升明显，2019 年××变直流年检结果显示蓄电池容量下降明显，已不符合运行需求，其蓄电池于 2011 年投运，同期投运的其他变电站的同类型产品运行情况良好。类似情况的变电站还有很多。

5.2.3 金具表面应光滑，不应有裂纹、叠层和起皮等缺陷，本体压缩区段应刻有清晰的指示标志

【条款解析】

运行经验表明压接是导线金具运行中的薄弱环节，是造成断裂故障最多的一类因素。裂纹、叠层和起皮等缺陷易导致压接质量问题，存在较大安全隐患。

【案例说明】

2018 年 10 月 12 日，220kV××变＃2 主变 220kV 及三侧开关反措执行期间，在进行＃2 主变 110kV 部分工作时，发现＃2 主变 110kV 避雷器 A、B 相线夹变形存在较大裂纹，线夹损坏严重，对电网安全构成了极大的风险。

线夹的质量不过关，或者线夹在安装过程中受到撞击等，可能会使其内部存在故障隐患，短时间看不出来，随着运行时间的增加，隐患将会发展成缺陷甚至引发设备故障。

如图5-1所示，线夹的变形较大，裂纹较深，甚至可隐约看到内部导线，若此次工作过程中未发现该问题而使其进一步发展，则有可能导致线夹从裂纹处断裂。线夹断裂后导线悬挂空中，摇晃过程中势必会造成A、B相的单相短路或相间短路。进而造成＃2主变发生严重的短路故障，将对变电站设备造成严重损伤，对电网安全运行产生巨大威胁，无法保障用户的可靠供电。

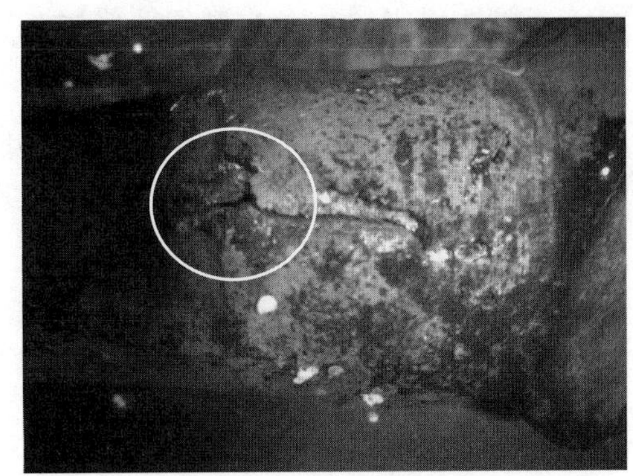

图5-1 裂纹细节情况

5.3 运检阶段

5.3.1 蓄电池组开路或容量不足造成变电站直流失压事故

近几年在蓄电池组充放电核容试验和带载能力试验中屡次出现蓄电池组容量严重不足和单只蓄电池开路现象。蓄电池组容量严重不足或开路，在变电站站用交流失电时，造成直流系统失压，尤其是110kV及以下变电站只有一组蓄电池，若有单体蓄电池开路未及时发现，易造成系统短路故障时所用电电压下降，蓄电池无法输出稳定直流造成保护装置拒动，进而导致越级跳闸，扩大事故范围。

【条款解析】

开展电池电压及内阻一致性检查，浮充电压：每月一次；内阻：每年两次，内阻检查应在蓄电池满电量状态下开展。定期开展蓄电池核对性充放电试验和蓄电池组带载能力试验，其中，新安装220kV及以下变电站投运前进行全容量核对性试验，以后每隔两年进行一次，运行四年后每年一次；新安装500kV及以上变电站投运前进行全容量核对性试验，运行以后每年进行一次。开展蓄电池核对性充放电试验的年度，应在当年间隔6个月开展一次蓄电池带载能力试验；未开展蓄电池核对性充放电试验的年度则应间隔6个月开展两次蓄电池带载能力试验。

针对GFM系列蓄电池缺少阴极保护措施，对2016年生产的GFM系列蓄电池电压、内阻一致性进行全面排查，有缺陷的进行更换。

【案例说明】

2022年7月27日，110kV××变出现整站交直流全停事件，现场检查直流系统发现，有多只蓄电池内阻偏大，容量衰减严重，发生交流失电时，会出现蓄电池组带载能力不足，直流系统无法提供保护所需的工作电源。

××变蓄电池组运至检修中心直流系统上进行测试，接入与站内负荷电流大小相同的负载电流（12A），拉开交流输入后，整组蓄电池电压在瞬间突然降低到56.6V，随后恢复至100V左右并趋于稳定。这样的电压跳变现象会导致二次装置因电压不足而失电关机，随后蓄电池再恢复到一定电压也不能让二次装置立即重启，最终导致了全站设备无法自动投切。

蓄电池组出现电压陡降陡升的根本原因是电池内部活性物质老化，或极板上附着杂质过多，导致在突然带上负荷电流放电的时候无法及时激活内部活性物质，使其电化学反应不充分，无法提高电压到额定值，最终在二次装置低电压导致关机、负荷电流消失后蓄电池组电压趋于平稳。该蓄电池组在近两年的充放电试验报告中已经出现较多的单只电池电压偏低情况，且该组蓄电池只运行了6年不到的时间就出现这样的严重老化情况，说明该组蓄电池在制造工艺上有一定缺陷。

5.3.2 监控器不具备温度补偿、定时均充、充电曲线管理等功能；不具备蓄电池组脱离直流母线报警功能；不具备充电方式转换的事件记录功能

【条款解析】

直流电源系统中蓄电池按浮充方式运行，就是将充满电的蓄电池组与充电装置并联运行。为保证蓄电池极板保持活性，直流系统一般设定一个月为蓄电池进行一次均充。另外，当直流充电系统出现故障切换至蓄电池供电或充放电试验完成后，需要重新对蓄电池进行充电，此时监控系统应能按照充电曲线正确为蓄电池充电。

【案例说明】

2023年5月31日，运维人员报220kV××变直流系统频繁进入蓄电池均充状态，且蓄电池长期处于放电状态，与实际情况不符。检修人员前往处理，检查发现监控装置显示＃1、＃2蓄电池组处于放电状态，但现场实际蓄电池电流为0，并未对外放电。

××变＃1、＃2直流系统频繁进入均充状态的原因是监控装置误判蓄电池状态，认为蓄电池组一直在对外放电，当放电容量达到额定容量的80%后开始进行均充。监控装置通过加装在蓄电池熔断器上方的电流互感器进行采样，当零位漂移后，监控装置上蓄电池电流一直显示为对外放电（−0.8A左右），而实际状态为正值，是浮充状态。监控装置基于该放电电流计算蓄电池剩余容量（$Q=It$），从而导致监控装置内蓄电池剩余容量一直下降至80%后启动均充，因此会出现频繁均充的情况。调节电流互感器零位如图5-2所示，参数测量情况如图5-3所示。

图 5-2　调节电流互感器零位

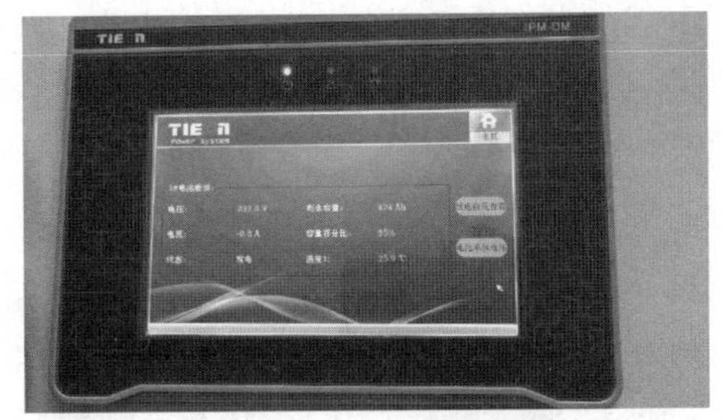

图 5-3　参数测量情况

5.3.3　蓄电池外观异常，有裂纹、损伤或渗漏酸液，接线柱有锈蚀现象

蓄电池组的每个蓄电池应在外表面用耐酸材料按顺序标明编号。蓄电池外观应无裂纹、无损伤；密封应良好，应无渗漏，接线柱无锈蚀现象。

【条款解析】

阀控式蓄电池是近年来大量使用的新型电池，常见故障有电压偏低、电池漏液、电热失控等。这些故障轻则造成蓄电池容量下降、寿命缩短，重则导致直流系统绝缘能力降低，甚至引起火灾。

【案例说明】

2019 年 10 月 28 日，110kV××变直流年检过程中，检修人员发现多只蓄电池存在鼓包现象。蓄电池变形鼓包不是突发的，往往是有一个过程。阀控式密封铅酸蓄电池在充电运行中，特别是在串联电池组中，若蓄电池品质不良，常会出现由于内部气体复合不良而导致蓄电池鼓包现象，如图 5-4 所示；内部气体逐步积蓄，压力增大，将蓄电池外壳向外撑开，引起“鼓包”，压力继续增大到一定值即会将安全阀冲开。若浮充电压设得过高，充电电流大，导致正极板上的氧析出的速度过快，而来不及在负极复合，在排气不及时、压力达到一定值时，蓄电池出现鼓包变形。

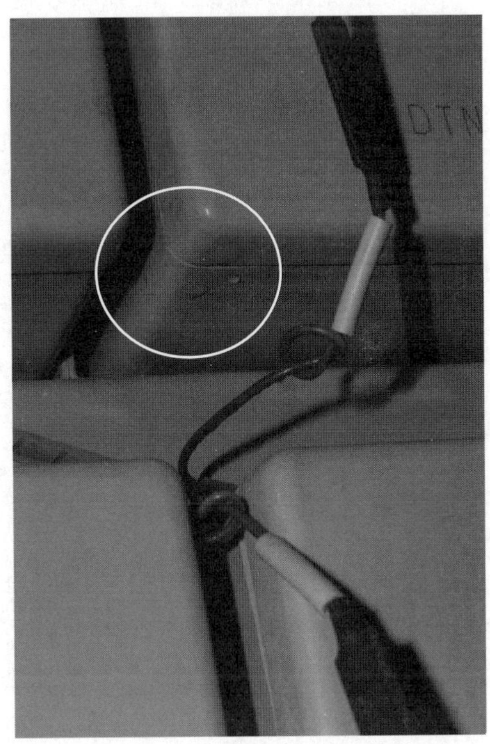

图 5-4　蓄电池鼓包情况

2016 年 11 月 3 日，变电检修一班工作人员前往 220kV××变处理＃1 蓄电池组多只蓄电池渗液缺陷，两组蓄电池均为卧式摆

放。现场发现＃27、＃60 蓄电池渗液，电解液顺着蓄电池壳体流下，附在多只蓄电池表面，如图 5－5 所示。220kV××变原蓄电池组投运于 2013 年，由于蓄电池发生大批量渗液情况，已于 2015 年 9 月对整组蓄电池进行了更换，新蓄电池仍由原公司生产，然而新蓄电池组仅运行 14 个月，便发生渗液的情况，体现出蓄电池组整体质量不佳。蓄电池一旦发生渗液，若漏液悬挂于蓄电池正负极接线柱间，可造成蓄电池间短路，产生很大的短路电流，后果严重的可能造成蓄电池发生爆炸起火；若漏液悬挂于地面与蓄电池间，会造成直流系统接地短路故障，严重影响直流系统安全运行；若不及时对该漏液情况进行处理，当漏出电解液较多时，会造成蓄电池容量急剧下降，使漏液严重的蓄电池发生开路，从而使整组蓄电池与直流系统发生断路，则该组蓄电池组无法作为该套直流系统的后备电源，对直流系统安全运行造成重大安全隐患。

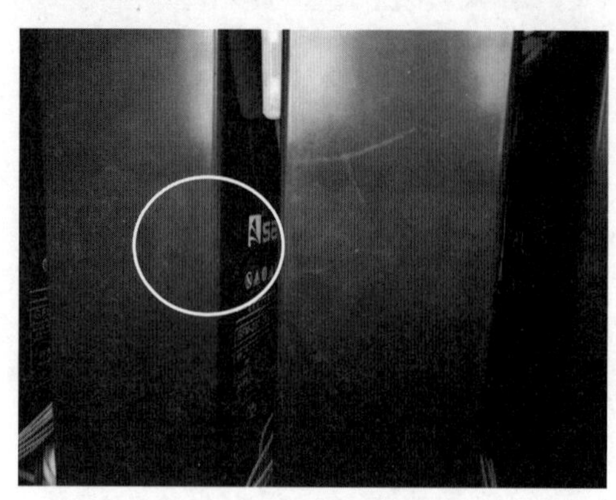

图 5－5　蓄电池渗液情况

5.3.4　直流电源系统充电模块、绝缘监测模块、电池巡检模块等老旧元器件易造成变电站安全隐患

老旧直流电源设备中的充电模块、绝缘监测模块、电池巡检模块等主要元器件运行中故障多发，易造成变电站安全隐患。

【条款解析】

对运行直流系统的充电模块、绝缘监测模块、电池巡检模块等，应每年开展评估，存在隐患、缺陷较多的设备应分批次安排技改，确保直流电源系统状态良好。

【案例说明】

2021 年 8 月 14 日，运维班报告 110kV××变直流系统＃3、＃4、＃5 充电模块通信中断故障频发。8 月 16 日，检修人员对××变 3 台直流充电模块和通信接线进行了检查，发现了是＃2 充电模块通信线断线导致了此次故障。因模块运行时间长，振动导致虚接处断开（图 5－6），并且由于该接线采用串联接线，如果发生单个通信模块断线故障，会导致后面所有的模块通信都发生中断，最终引起＃3、

图 5－6　虚接端子

＃4、＃5 模块通信完全中断。

2019 年 11 月 21 日，220kV××变直流系统蓄电池异常动作，蓄电池巡检装置无法采集到＃1～＃19 的蓄电池电压。现场检查校验后发现，电池内阻巡检模块失灵，通常一只蓄电池内阻巡检模块负责采集数只电池电压信号，该模块直接与蓄电池相连，采集蓄电池电压信息并上传，模块失灵将导致后台得不到相应的蓄电池电压数据。故障直接原因为电池内阻巡检模块失灵导致后台无法采集到蓄电池电压信息，引起蓄电池异常告警。根本原因为电池内阻巡检模块制造质量不良。

2022 年 1 月 27 日，220kV××变＃1 直流系统出现充电模块报警故障（图 5－7），现场检查直流系统电源监控装置后，发现是＃2 充电模块故障。经拆解充电模块后发现，模块内部芯片已经完全烧蚀损坏。本次产生故障的充电模块有可能是由于热量堆积导致芯片内部短路后烧蚀。后续建议结合直流系统年检工作进行清灰处理。

5.3.5 防止直流系统绝缘故障

直流电源系统回路发生接地、交流电窜入等绝缘异常情况时，绝缘监测装置不能及时报警，造成变电站设备的误动、拒动等事故。

【条款解析】

对于在运变电站，应选取备用支路分别进行正极、负极接地试验，判断绝缘监测装置告警是否正常。每年应开展一次接地报警功能检查试验，对不具备交流窜直告警功能或缺陷频发的绝缘监测装置应改造或更换。

【案例说明】

2023 年 5 月 28 日，监控报 220kV××变直流电源系统绝缘故障信号（图 5－8），现场检查正负母线对地电压平衡，但故障信号未复归。××变当前直流系统为一套充电机和一套蓄电池带两段母线运行，且部分保护屏柜上存在直流小母线，因此该直流

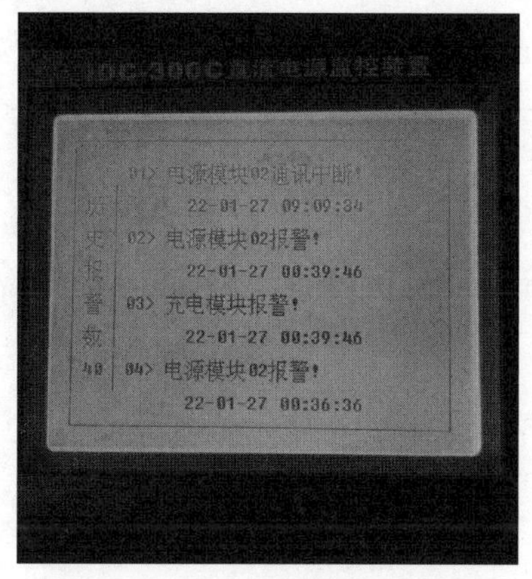

图 5－7　充电模块报警信息

图 5－8　直流电源系统绝缘故障

系统中存在众多环路。而绝缘监测仪的工作原理就是通过检测流过每个开关的电流从而计算绝缘电阻，因此会受到系统中环流的影响，从而导致计算电阻值不准。

5.3.6 防振金具、间隔棒等防护金具按设计要求安装并保证位置正确

防护金具易导致金具与导线磨损，存在较大安全隐患。

【条款解析】

若新投运蓄电池容量达不到100%的额定容量，将导致在下次充放电之前一直处于欠容量运行（正常运行状态下，只弥补其自放电容量），遇交流失压或充电机故障，蓄电池组不能保证可靠稳定带负荷运行。

图 5-9 母线软连接位置

【案例说明】

2023 年 1 月 4 日，220kV××变Ⅲ阶段检修摸底时发现，多处母线软连接抱箍滑动螺栓从其底座滑槽中滑出，接近掉落边缘。2 月 8 日，检修人员结合母线停电时间，对发现的相应掉落抱箍进行处理。有较多处软连接部位出现了抱箍滑动螺栓脱出的情况，软连接位置如图 5-9 所示，处于母线的连接处，同一条母线有多处软连接。

该处母线连接采用的是软连接形式，通过两个以上的软导线将母线连接起来，并固定在下方的滑轨底座上，目的是为了使母线在热胀冷缩的时候有一定的前后活动空间，防止母线因热胀冷缩而发生变形。

图 5-10 所示为一根限位销连通抱箍和滑槽，并在两端采用开口销和垫片固定限位销位置，防止其从滑槽中脱出。

由此可见该母线固定限位销已有一半从滑槽中脱出，如果继续运行，则存在限位销完全脱落的隐患，最终会导致母线弯曲变形。

检修人员将该部位缺失的垫片全部补齐，并对原有垫片进行了更换，随后结合年检中软连接回路电阻测量的工作，对所有的软连接部位都进行了检查处理，确保不遗留任何隐患。

5.3.7 特殊区域的绝缘子未采取相应的防污闪措施

粉尘污染严重地区，以及苯/酒精类等化工厂、沿海、盐湖、水泥厂和冶炼厂等特殊区域附近绝缘子未采取相应措施，存在污闪风险。

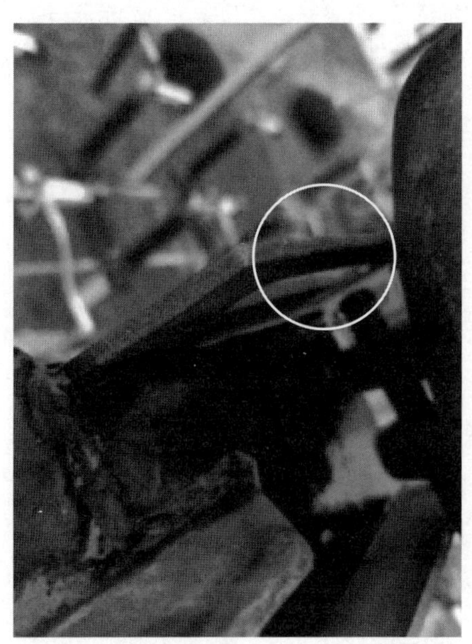
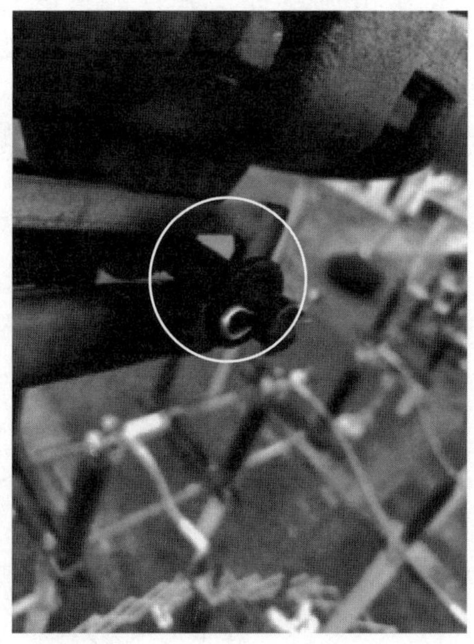

图 5-10　限位销情况

【条款解析】

依据运行经验，粉尘类污染地区宜选用简单、自清洁性好的绝缘子。加装辅助伞裙是变电设备防粉尘的措施之一。考虑到化工企业有机物排放影响复合绝缘子憎水性，故应适当提高绝缘配置水平。

【案例说明】

2023 年 3 月 22 日 8 时 11 分，220kV××变 110kV 正母线故障跳闸，跳开 110kV 正母线上所有开关。经检查发现母线上的故障点位于 110kV 正母线＃2 接地开关的支持瓷瓶处。故障发生当日，检修人员到达现场进行检查，发现支持瓷瓶的顶部和底部金属法兰部位存在较为明显的放电痕迹，试验人员对仍处于运行状态的 110kV 副母线进行紫外带电检测，对比分析发现 110kV 副母线接地开关绝缘子紫外光子数偏大，最大可达到 36317（图 5-11），不符合《带电设备紫外诊断技术应用导则》（DL/T 345—2019）“高强度放电：每分钟的光子数大于 8000”以及“第三类：设备存在高强度放电，且明显影响带电设备正常运行，或诊断评估设备缺陷短期内可造成设备或电网事故，应尽快安排停电检修或更换处理”的要求。

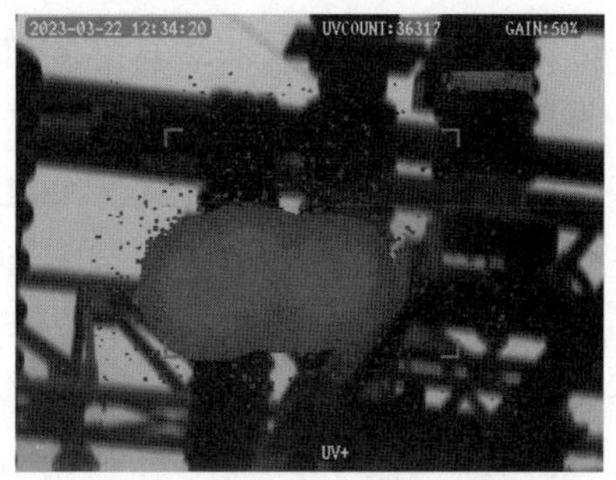

图 5-11　放电光子数超标的母线接地开关支持瓷瓶紫外图谱

5.3.8 铝制引流连板及并沟线夹的连接面应平整、光洁，应保留电力复合脂，并应逐个均匀地紧固连接螺栓。螺栓的扭矩应符合该产品说明书的要求

高温大负荷期间应开展红外测温，重点检测接续管、耐张线夹、引流板、并沟线夹等金具的发热情况，发现缺陷及时处理。

【条款解析】

连接面粗糙不平整、压接不紧实、未涂电力复合脂时，可能在层面留有气隙，接触面大大减小，接触电阻明显增大。根据发热公式可得，在高负荷情况下，电阻越大，发热功率越大，即

$$Q=I^2R \tag{5-1}$$

为减少设备发热量、延长设备使用寿命、减少电能损耗，在运行过程中（尤其是高温大负荷期间）开展红外测温，确保设备接触面良好。

【案例说明】

2022 年 10 月 8 日，在带电检测过程中，变电检修中心试验人员发现 220kV××变#1 主变 35kV 穿墙套管户外侧 A 相接头过热现象。

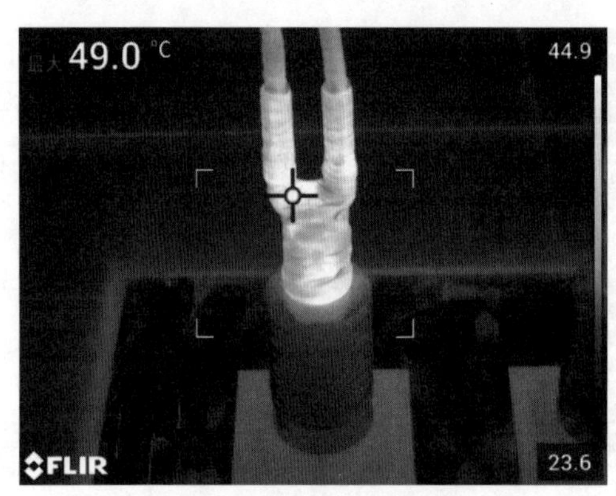

图 5-12 过热线夹红外图

如图 5-12 所示，温度最大值位于柱头顶部和线夹拐角内测，热点温度为 49℃（环境温度 28℃，B 相同位置 33.2℃，C 相同位置 31.7℃），异常相温升为 21.0℃，相对温升为 82.3%，不符合《输变电设备状态检修试验规程》（Q/GDW 1168—2013）规定："检测套管本体、引线接头等，红外热像图显示应无异常温升、温差和/或相对温差。"该运行情况下，持续发热会造成套管头金属连接部件机械性能劣化，可能导致该套管损坏，导致发生被迫停电事故。

10 月 17 日，检修人员打开户外穿墙套管户外接头的绝缘绕包进行检查，发现紧固螺栓直径过小引起螺栓滑牙导致的压接不到位，接触不良造成线夹过热，经扩孔更换更大直径螺栓并处理接触面后缺陷消除。

该结构套管头引出接线板为铝制，上方焊接一层厚铜层用以过渡，而线夹与该厚铜层之间再由一片薄铜皮进行过渡，形成四层的结构。

原先采用了较小直径的紧固螺栓，紧固的力道不足加之滑牙，使得原先用以良好过渡的压接不到位，接触电阻反而更大。经扩孔更换更大直径螺栓后使得压接力道更足，形成良好过渡，并将过热引起的导电膏不良接触面进行处理，大大降低了接触

电阻。

当压接不紧实但都接触，且压接力不足时，根据文献查询，接触电阻和压接力的经验公式为

$$R_k = KF^{-n} \tag{5-2}$$

式中 K——常数，表示接触表面的状态；

F——触头所受的压力；

n——指数，一般取 1/3～3。

对式（5-2）两边取对数，得

$$\ln R_k = \ln K - n\ln F \tag{5-3}$$

可知，随着压接力 F 的增加，R_k 的对数值是减小的，即接触电阻也减小，但随着 F 的增加，接触电阻减小的程度逐渐减小。但总的来说，在一定压接力之前，增大压接力能够大大降低接触电阻，在一定压接力之后再增加压接力，影响才甚微。

因而，本案例中，使用了较小的紧固螺栓，导致压接力较小，使得接触电阻偏大，产生了不允许的发热。